辐射环境模拟与效应丛书

半导体器件电离辐射总剂量效应

陈　伟　何宝平　姚志斌　马武英　编著

科学出版社

北　京

内 容 简 介

辐射在半导体器件中电离产生电子-空穴对，长时间辐射剂量累积引起半导体器件电离辐射总剂量效应。电离辐射总剂量效应是辐射效应中最常见的一种，会导致器件性能退化、阈值电压漂移、迁移率下降、动态和静态电流增加，甚至功能失效，因此在辐射环境中工作的半导体器件和电子系统必须考虑电离辐射总剂量效应问题。本书主要介绍空间辐射环境与效应、体硅CMOS 器件电离辐射总剂量效应、双极器件电离辐射总剂量效应、SOI 器件电离辐射总剂量效应、电离辐射总剂量效应模拟试验方法、MOS 器件电离辐射总剂量效应预估、纳米器件电离辐射总剂量效应与可靠性、系统级电离辐射总剂量效应等内容。

本书可作为从事辐射物理、抗辐射加固技术研究的科技人员及相关专业高校师生的参考书。

图书在版编目(CIP)数据

半导体器件电离辐射总剂量效应/陈伟等编著. —北京：科学出版社，2022.9
（辐射环境模拟与效应丛书）

ISBN 978-7-03-070039-1

Ⅰ. ①半… Ⅱ. ①陈… Ⅲ. ①半导体器件-电离辐射-辐射效应 Ⅳ. ①TN303

中国版本图书馆 CIP 数据核字（2021）第 208425 号

责任编辑：宋无汗 郑小羽 / 责任校对：任苗苗
责任印制：张 伟 / 封面设计：陈 敬

科 学 出 版 社 出版
北京东黄城根北街 16 号
邮政编码：100717
http://www.sciencep.com

北京中石油彩色印刷有限责任公司 印刷
科学出版社发行 各地新华书店经销

*

2022 年 9 月第 一 版 开本：720×1000 1/16
2024 年 1 月第三次印刷 印张：15

字数：302 000

定价：135.00 元
（如有印装质量问题，我社负责调换）

丛 书 序

辐射环境模拟与效应研究主要解决在辐射环境中工作的系统和电子器件的抗辐射加固技术和基础科学问题，涉及辐射环境模拟、辐射效应、抗辐射加固等研究方向，是核科学与技术、电子科学与技术等的交叉学科。辐射环境模拟主要研究不同种类和参数辐射的产生及其应用的基础理论与关键技术；辐射效应主要研究各种辐射引起的器件与系统失效机理、抗辐射加固及性能评估方法。

辐射环境模拟与效应研究涉及国家重大安全，长期以来一直是世界大国博弈的前沿科学技术，具有很强的创新性和挑战性。空间辐射环境引起的卫星故障占全部故障的 45%以上，对航天器构成重大威胁。核辐射环境和强电磁脉冲等人为辐射是造成工作在辐射环境中的电子学系统降级、毁伤的主要因素。国际上，美国国家航空航天局、圣地亚国家实验室、劳伦斯·利弗莫尔国家实验室，欧洲宇航局、核子中心，俄罗斯杜布纳联合核子研究所、大电流所等著名的研究机构都将辐射环境模拟与效应作为主要研究领域，开展了大量系统性基础研究，为航天器、新型抗辐射加固材料和微电子技术发展提供了重要支撑。

我国在 20 世纪 60 年代末，开始辐射环境模拟与效应的研究工作。在强烈需求的牵引下，经过多年研究，我国在辐射环境模拟与效应研究领域已经具备了良好的研究基础，解决了大量工程应用方面的难题，形成了一支经验丰富的研究队伍。国内从事相关研究的科研院所、高等院校和工业部门已达百余家，建设了一批可以开展材料、器件和电子学系统相关辐射效应的模拟源，发展了具有特色的辐射测量与诊断技术，开展了大量的辐射效应与机理研究，系统和器件的辐射加固技术水平显著增强，形成了辐射物理学科体系，为国防建设和航天工程发展做出了重大贡献，我国辐射环境模拟与效应研究在科学规律指导下进入了自主创新发展的新阶段。

随着我国空间技术的迅猛发展，在轨航天器数量迅速增长、组网运行规模不断扩大，对辐射环境模拟与效应研究和设备抗辐射性能提出了更高的要求，必须进一步研究提高材料、器件、电子学系统的抗核与空间辐射、强电磁脉冲加固的能力。因此，需要研究建立逼真的辐射模拟实验环境，开展新材料、新工艺、新器件辐射效应机理分析、实验技术和数值仿真研究，建立空间辐射损伤效应与地面模拟实验的等效关系，研发新的抗辐射加固技术，解决空间探索和辐射环境中系统和器件抗辐射加固的关键基础科学问题。

　　该丛书作者都是从事辐射环境模拟与效应研究的一线科研人员，内容来自辐射环境模拟与效应研究团队几十年的研究成果，系统总结了辐射环境研究与模拟、辐射效应机理、电子元器件与系统抗辐射加固技术等方面取得的科研成果，并介绍了国内外最新研究进展，涉及辐射环境模拟、脉冲功率技术、粒子加速器技术、强电磁环境效应、核与空间辐射效应、辐射效应仿真与抗辐射性能评估等研究领域，内容新颖，数据丰富，体现了理论研究与工程应用相结合的特色，充分展示了我国辐射模拟与效应领域产学研用的创新性成果。

　　相信该丛书的出版，将有助于进入这一领域的初学者掌握全貌，为该领域研究人员提供有益参考。

中国科学院院士　吕敏

抗辐射加固技术专业组顾问

前　　言

航天器在侦察、探测、指挥、通信等方面起着至关重要的作用。但在太空中，航天器中的电子器件会受到空间辐射而产生辐射损伤，导致航天器部分功能失效乃至失控。长时间辐射剂量累积引起的半导体器件电离辐射总剂量效应，是辐射环境中工作系统的一种典型辐射效应现象。因此，电离辐射总剂量效应研究对于确保航天器在空间天然辐射环境中的高可靠性工作具有重要意义。

本书是作者在二十多年研究的基础上，系统总结半导体器件电离辐射总剂量效应的创新成果。本书以空间电子元器件电离辐射总剂量效应为主线，在详细介绍空间辐射环境与效应的基础上，全面介绍不同工艺类型器件的电离辐射总剂量效应研究工作，对于体硅 CMOS 工艺器件，介绍典型 $0.18\mu m$ 工艺尺寸器件电离辐射总剂量效应规律、辐射效应数值仿真技术和地面考核试验方法；对于双极工艺器件，针对目前空间的热点关注问题——双极器件低剂量率辐照损伤增强效应，系统介绍其电离辐射效应规律、损伤机理和有限元数值仿真模型；对于国产 SOI 工艺器件，介绍电离辐射总剂量效应规律、物理机理和缺陷演化模型；同时，对于先进纳米器件空间应用过程中最关注的可靠性与电离辐射总剂量效应耦合问题，介绍最新研究进展；最后，针对电子系统电离辐射总剂量效应，从行为级仿真建模方法出发，介绍系统行为级仿真建模基本思路，回答空间电子系统电离辐射总剂量效应试验的必要性，提出模拟试验方法。本书相关内容可以为辐射效应和抗辐射加固技术研究人员提供参考。

本书由陈伟研究员主持撰写，并负责统筹、定稿，具体分工如下：第 1、2 章由陈伟、何宝平撰写；第 3~5 章由姚志斌、何宝平、陈伟撰写；第 6~8 章由何宝平、马武英、姚志斌、陈伟撰写。

国家自然科学基金重大项目"纳米器件辐射效应机理及模拟试验关键技术"（No.11690040）对本书出版提供了支持。

中国科学院吕敏院士亲自指导并为丛书作序，西北核技术研究所和科学出版社为本书的出版提供了大力支持，在此一并表示衷心感谢！

由于作者认识和研究水平有限，书中不妥之处在所难免，恳请读者批评指正。

目　　录

第1章　空间辐射环境与效应

航天器在导航、对地观测、天文、通信、科学研究等方面起到了至关重要的作用，但空间环境中存在大量的电子、高能质子、重离子等粒子，这些粒子会导致电子器件性能下降乃至功能失效[1-4]，严重影响航天器的在轨可靠运行。据统计，由辐射导致的航天器异常约占卫星总故障数的 40%[5]。因此，研究航天器用电子器件在空间辐射环境下的损伤机理，建立空间辐射效应的地面模拟试验方法，在地面实现对空间辐射环境下的损伤预估，对提高航天器在轨运行寿命及可靠性具有十分重要的意义。

1.1　空间辐射环境

空间辐射环境主要由银河宇宙射线、太阳宇宙射线和地球辐射带（一般称为范·艾伦带，Van Allen belts）构成。按照地球辐射带与地球远近的关系，人们将空间辐射环境简单地划分为近地空间辐射环境与地外空间辐射环境两类。其中，近地空间辐射环境主要包括太阳电磁辐射、高能粒子辐射、地球中性大气、地球电离层、地球磁场和空间带电粒子辐射等；地外空间辐射环境主要以宇宙射线和太阳风等为主。事实上，宇宙射线和太阳活动所产生的高能粒子是整个空间辐射环境的根源，活动期间它们会向空间环境中放射出大量的重离子等粒子。图 1.1 为空间辐射环境及粒子能谱图[6,7]。粒子能谱图由 Wilson 等[6]绘制，横坐标为粒子能

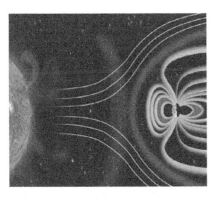

（a）空间辐射环境[6,7]

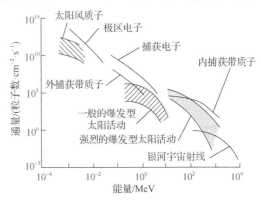

（b）粒子能谱图[6]

图 1.1　空间辐射环境及粒子能谱图

量，纵坐标为粒子通量，直观地显示了各空间环境粒子的状态。其中，大多数航天器在近地空间中运行，因此近地空间辐射环境是引发航天器半导体器件和集成电路失效的主要原因。近地空间辐射环境主要由以下三个部分组成。

1）银河宇宙射线

银河宇宙射线[8,9]（galactic cosmic rays，GCR）起源于太阳系之外，很可能是由超新星等爆炸事件所形成。构成银河宇宙射线的高能粒子几乎涵盖了从氢到铀的每一种元素，其中质子占85%，α粒子（氦原子核）占14%，还有1%由高能重离子组成，离子通量随原子质量数分布见图1.2（a）。其中，高能重离子（如Fe）的通量与质子通量相比差几个数量级，但高能重离子穿入材料时，在单位距离上会产生很高的电离密度，引起半导体器件的单粒子效应，使其辐射效应不可忽视。由图1.2（b）可知，银河宇宙射线中各种离子的能谱峰对应的离子能量为100～1000MeV/Nu。碳离子的能谱峰对应的粒子能量为240MeV/Nu，质子和氦离子的最高能量可达1000MeV/Nu。银河宇宙射线中的高能粒子以光速运动，当这些粒子撞击大气时，会产生大量的二次粒子，其中一些甚至到达地面。这些粒子对地面上的人类和系统几乎不会构成威胁，地球自身的磁场也致力于保护地球免受这些粒子的影响。但在极地或大约55℃磁场纬度地区附近，地球自身的磁场几乎没有提供任何保护，使得粒子数量在此区域相对较多，导致高纬度的机组人员和乘客受到更多的辐射照射，并且会对航天器中的电子器件造成损坏。

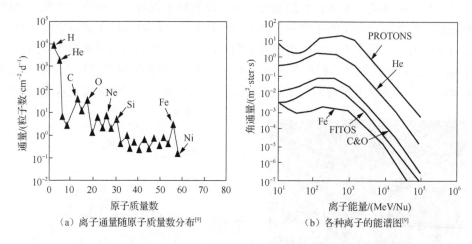

（a）离子通量随原子质量数分布[9]   （b）各种离子的能谱图[9]

图1.2 银河宇宙射线分布

2）太阳宇宙射线

太阳宇宙射线[10,11]（solar cosmic rays，SCR）主要是在太阳活动爆发期间从太阳活动区喷射出来的高能粒子流，能量范围一般为1MeV～10GeV，大多数在1MeV～几百兆电子伏，太阳活动主要包括太阳耀斑[12]（图1.3）爆发和太阳季风活动。组成太阳宇宙射线的粒子中，90%～95%为质子，剩余基本为α粒子（氦原子核），还有一小部分的高能重离子。由于其组成成分中大部分为质子，又称为太阳质子，对航天器有极大的危害。

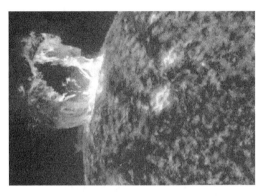

图 1.3　太阳耀斑[12]

3）地球辐射带

地球辐射带[13]是由大量高能带电粒子在地磁场的约束下所形成的辐射带，分为内辐射带（$1.5R_e$～$2.8R_e$，$R_e \approx 6380$km，为地球半径）和外辐射带（$2.8R_e$～$12R_e$）。内辐射带以质子为主，而外辐射带以电子为主。地磁场俘获内辐射带中质子能量可达 500MeV。能量大于 10MeV 的质子主要分布在 $3.8R_e$ 以下，能量大于 30MeV 的质子主要分布在 $1.5R_e$ 以下，而典型的卫星壳体能屏蔽能量小于 10MeV 的质子。在外辐射带中，电子具有较高的能量和较大的通量（约为内辐射带的 10 倍），电子的最高能量达 7MeV，而在内辐射带中，电子的最高能量为 5MeV，能量大于 1MeV 电子的通量峰值为 $3R_e$～$4R_e$。图 1.4 为地球辐射带示意图[14]。

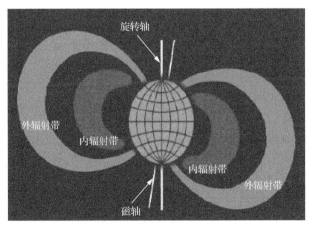

图 1.4　地球辐射带示意图[14]

1.2　空间辐射效应

空间辐射环境中存在着质子、电子、重离子等各种带电粒子。这些带电粒子会与航天器设备器件的半导体材料相互作用，造成各种器件损伤。空间辐射环境引起电子器件的辐射损伤效应可分为电离辐射总剂量（total ionizing dose，TID）效应、单粒子效应（single event effect，SEE）、位移损伤效应和低剂量率辐射损伤增强（enhanced low dose rate sensitivity，ELDRS）效应，ELDRS 效应属于电离辐射总剂量效应。这些效应可以分为硬损伤和软错误，硬损伤指不可恢复的永久损伤，软错误是可纠正或恢复的错误。表 1.1 和表 1.2 分别给出了典型电子器件的空间辐射效应和在不同空间辐射效应环境中的严重程度[15,16]。

表 1.1　典型电子器件的空间辐射效应[15]

引发效应的主要带电粒子	产生效应的主要对象	空间辐射效应
捕获电子/质子、耀斑质子	所有电子器件及材料	电离辐射总剂量效应
捕获/耀斑/宇宙线质子	太阳电池、光电器件	位移损伤效应
高能质子/重离子	逻辑器件、单/双稳态器件	单粒子翻转
高能质子/重离子	互补金属氧化物半导体（complementary metal oxide semiconductor，CMOS）器件	单粒子锁定
高能质子/重离子	功率 MOSFET	单粒子烧毁
高能质子/重离子	功率 MOSFET	单粒子栅击穿

表 1.2　典型电子器件在不同空间辐射效应环境中的严重程度[16]

电子器件类型		空间辐射环境									
		TID 效应/krad(Si)				位移损伤效应/等效 $1MeV\ n^0 \cdot cm^{-2}$			SEE	ELDRS 效应	
（图例：▽-功能正常；◇-需要评估；☆-性能不确定；★-需做专门防护措施）		<1	2~5	10	20	5×10^9	2×10^{10}	2×10^{11}		所有环境	
		1yr.@PEO	1yr.@火星	1yr.@GEO/HEO	1yr.@深空	LEO/火星	PEO/GEO	MEO	SEU/SET	SEL/SEB/SEGR	所有环境
CMOS	线性	☆	☆	★	★	▽	▽	▽	☆	☆	▽
	数模混合	◇	◇	★	★	▽	▽	▽	☆	☆	▽
	Flash/DRAM	◇	◇	★	★	▽	▽	▽	☆	☆	▽
	SRAM	◇	◇	☆	☆	▽	▽	▽	☆	☆	▽
	数字逻辑	◇	◇	◇	◇	▽	▽	▽	☆	☆	▽
	微处理器	◇	◇	☆	☆	▽	▽	▽	☆	☆	▽

续表

电子器件类型 （图例： ▽-功能正常； ◇-需要评估； ☆-性能不确定； ★-需做专门防护措施）		空间辐射环境									
		TID 效应/krad(Si)				位移损伤效应/ 等效 1MeV $n^0 \cdot cm^{-2}$			SEE		ELDRS 效应
		<1	2~5	10	20	5×10^9	2×10^{10}	2×10^{11}			所有环境
		1yr.@PEO	1yr.@火星	1yr.@GEO/HEO	1yr.@深空	LEO/火星	PEO/GEO	MEO	SEU/SET	SEL/SEB/SEGR	所有环境
BiCMOS 线性		☆	☆	★	★	▽	▽	▽	☆	▽	☆
双极型	数模混合	▽	▽	▽	▽	▽	▽	▽	☆	▽	☆
	线性	◇	◇	★	▽	▽	▽	▽	☆	▽	☆
	数字	▽	▽	▽	▽	▽	▽	▽	☆	▽	▽
功率 MOSFET		▽	▽	▽	☆	▽	▽	▽	☆	▽	▽
结型场效应管		▽	▽	▽	▽	▽	▽	▽	▽	▽	▽
双极型 晶体管	功耗	▽	▽	▽	☆	▽	▽	★	▽	▽	▽
	信号	▽	▽	▽	▽	▽	▽	☆	▽	▽	▽
SOI		▽	▽	▽	▽	▽	▽	▽	☆	▽	▽
SiGe 射频		▽	▽	▽	▽	▽	▽	▽	☆	▽	▽
III-V 族电子	SRAM	▽	▽	▽	▽	▽	▽	▽	☆	▽	▽
	射频晶体管/ 二极管	▽	▽	▽	▽	▽	▽	▽	☆	▽	▽
III-V 族光电	激光器件	▽	▽	▽	▽	☆	☆	☆	▽	▽	▽
	探测器/ 太阳电池	▽	▽	▽	◇	◇	☆	☆	☆	▽	▽

　　电离辐射总剂量效应[17,18]是指辐射剂量累积所引起的半导体器件性能退化。当带电粒子入射到物体时，将部分或全部能量转移给吸收体，带电粒子所损失的能量也就是吸收体所吸收的辐射总剂量。当吸收体是航天器所用的电子元器件和材料时，它们将受到辐射损伤，即随着辐射剂量的增加，器件性能逐渐降低；当辐射剂量积累到一定程度时，器件功能失效，这种现象称为电离辐射总剂量效应。

　　航天器电子元器件和材料的电离辐射总剂量效应机理非常复杂，对于不同类型的电子元器件和材料，电离辐射总剂量效应的机理具有很大的差异。以目前在航天器上大量使用的 MOS 工艺微电子元器件为例，带电粒子辐射对它的损伤，一般认为是界面态的生成和氧化层陷阱电荷的产生这两个物理过程所造成的，产生的影响包括：阈值电压漂移、迁移率下降、电路动态和静态电流增加和电路信号传输延迟变化等。图 1.5 为 MOS 晶体管电离辐射总剂量效应示意图[19]。随着工艺的进步，氧化层质量提高，栅氧的厚度减小，电离辐射总剂量效应引起的 MOS 晶体管阈值电压漂移逐渐减小到可以忽略的程度，而影响器件特性的主要因素是寄生漏电流（即边缘漏电流和场区漏电流）的增大[20]，寄生漏电流也将是纳米级集成电路抗辐射加固需要解决的一个问题。

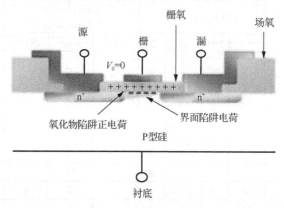

图 1.5　MOS 晶体管电离辐射总剂量效应示意图[19]

单粒子效应是指空间的重离子、质子等单个粒子入射电路后，与器件敏感区域相互作用引起的电路软错误或硬损伤[21,22]。据统计，空间辐射造成的航天器在轨故障约占总故障数的 45%，其中单粒子效应引起的占近 86%[23,24]。空间辐射环境中的高能质子是导致单粒子效应的主要因素，重离子次之。通常认为重离子的单粒子效应是其直接电离所致，而质子的单粒子效应是其与材料相互作用后产生的次级粒子的电离所致。图 1.6 为晶体管受到高能宇宙粒子照射后，在 CMOS 器件漏极与衬底间形成的瞬时导电通道示意图。瞬时导电通道所处位置和影响的类型不同，产生的单粒子效应可导致单粒子翻转（single event upset，SEU）、单粒子瞬态（single event transient，SET）、单粒子功能中断（single event functional interrupt，SEFI）等单粒子软错误，以及单粒子锁定（single event latch-up，SEL）、单粒子烧毁（single event burnout，SEB）、单粒子栅击穿（single event gate rupture，SEGR）等硬损伤。工艺进步使得器件尺寸减小、工作电压下降，导致软错误临界电荷降低，从而使单粒子翻转和单粒子瞬态等软错误趋于严重。

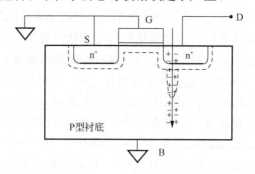

图 1.6　宇宙粒子穿过晶体管后形成的"漏斗"形电离造成了瞬时导电通道

　　位移损伤效应[25]是指高能粒子，如质子、中子和电子等入射靶材料后，会与材料中的原子相互作用，将自身的部分能量转移到靶原子上，使其离开原来的晶格位置，成为晶格中的间隙原子，在它原来的位置上留下一个空位。空位和间隙原子若仍处于它的弹性力场和库仑力场范围内，则可发生复合；若超过这个力场，则形成间隙原子-空位对，即弗仑克尔缺陷（Frenkel defect），从而导致器件性能退化或造成永久性损伤。图 1.7 为粒子辐射在半导体材料中产生的一种典型位移损伤缺陷——费仑克尔缺陷示意图[26]。双极器件和光电器件对位移损伤效应最为敏感。另外，随着器件集成度的增加，位移损伤效应也会导致小尺寸 CMOS 器件的局部厚度或浓度变化不可忽略。

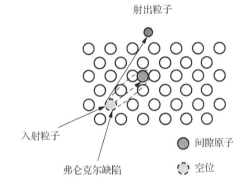

图 1.7　硅中一种典型位移损伤缺陷——弗仑克尔缺陷[26]

1.3　电离辐射总剂量效应研究关注的内容

　　电离辐射总剂量效应是空间辐射效应之一，它与微电子工艺中广泛使用的二氧化硅材料联系紧密，二氧化硅既作为半导体器件的栅极氧化物，也同时作为场氧化物，又称为隔离氧化物。当带电粒子（如电子、质子等）、γ 射线、χ 射线作用在器件的氧化层或其他绝缘层中产生过剩的电子-空穴对时，会在器件内部不同位置产生复合、输运、俘获等一系列影响电子器件电特性的物理过程。电离辐射总剂量效应研究一般需要关注以下内容。

　　（1）电离辐射总剂量效应物理机理研究是微电子器件辐射效应试验方法、抗辐射加固技术的理论基础。随着微电子器件的飞速发展，各种新工艺、新材料、新技术不断应用，器件辐射效应作用机理、效应规律也会发生改变，从而导致辐射效应试验及评估方法发生革命性变化。

　　（2）空间电离辐射总剂量效应地面模拟试验方法，又称为电离辐射总剂量效应加速试验方法。对于 MOS 工艺器件，不同剂量率间的效应差异实际上是一种时间相关效应（time dependent effect，TDE），并以此为基础，建立了适用于 MOS 工艺器件的空间电离辐射总剂量效应模拟试验方法，如 MIL-STD-883J 1019.7、GJB 548B—2005 和 GJB 5422—2005 等，但仍处于不断的认识和完善之中。对于双极器件，相同剂量、不同剂量率引发的辐射效应存在差异，出现低剂量率辐射损伤增强效应。低剂量率辐射损伤增强效应的形成是一个极为复杂的物理过程，目前国际上仍没有达成统一认识，所建立的地面模拟试验方法的适用性有限。因此，为了能够准确评价双极器件的抗辐射性能，提高器件在轨可靠性，需深入细致地研究双极器件低剂量率辐射损伤增强效应形成的物理机理，建立和完善相关的地面模拟试验方法。

（3）试验研究是电离辐射总剂量效应研究的重要手段，但仅仅依靠试验手段是远远不够的。由于实验室条件与真实环境存在较大差异，要达到准确评估器件在真实环境的辐射效应、提高国产器件抗辐射能力的目的，辐射效应的数值仿真是重要的技术手段。需在辐射效应机理认识的基础上，完善效应模型、验证模型，形成辐射效应仿真工具或软件，服务于辐射效应机理研究与试验技术研究，从而做到"知其然知其所以然"。

（4）微电子器件的抗辐射加固技术是辐射环境下电子系统或装置可靠工作的保障。多年来抗辐射加固技术研究大多集中在元器件方面，并形成了从元器件内部的元件结构、制作工艺、电路设计和屏蔽封装等一系列加固技术。但随着航天器的寿命增长，卫星上使用材料的抗辐射问题也越来越突出。有关材料的抗辐射问题，包括材料辐射效应机理、试验方法、使用规则、性能评价方法等需要得到重视。

1.4 本 书 内 容

本书介绍了半导体器件电离辐射总剂量效应，包括效应规律机理、建模和仿真技术、效应预估方法、模拟试验方法等内容。

第 1 章为空间辐射环境与效应。介绍空间辐射环境引起的电离辐射总剂量效应、单粒子效应、位移损伤效应以及电离辐射总剂量效应研究关注的内容。

第 2 章为体硅 CMOS 器件电离辐射总剂量效应。介绍微米级和超深亚微米级体硅 CMOS 器件不同源辐射损伤的等效性、辐射后退火效应、辐射损伤与剂量率的关系以及数值模拟方法等内容。

第 3 章为双极器件电离辐射总剂量效应。介绍电离辐射总剂量效应表征和机理、低剂量率辐射损伤增强效应、电离辐射感生产物分离方法和数值仿真等内容。

第 4 章为 SOI 器件电离辐射总剂量效应。介绍 SOI 器件电离辐射总剂量效应规律、物理机理和物理模型等内容。

第 5 章为电离辐射总剂量效应模拟试验方法。介绍试验最劣条件甄别技术和相关的理论验证方法、体硅 CMOS 器件模拟试验方法、双极器件高温辐照和变剂量率辐照加速试验方法等。

第 6 章为 MOS 器件电离辐射总剂量效应预估。介绍阈值电压漂移模型、关态漏电流模型及 MOS 器件辐照过程和辐照后退火效应预估等。

第 7 章为纳米器件电离辐射总剂量效应与可靠性。介绍纳米器件的电离辐射总剂量效应、重离子和 γ 射线辐照对电应力效应的影响、电离辐射总剂量效应与沟道热载流子效应的相关性等。

第 8 章为系统级电离辐射总剂量效应。介绍模数转换器电离辐射总剂量效应及行为建模、电子系统电离辐射总剂量效应与功能模块之间的关系及行为建模、空间电子系统电离辐射总剂量效应试验方法等。

参 考 文 献

[1] 李桃生, 陈军, 王志强. 空间辐射环境概述[J]. 辐射防护通讯, 2008, 28(2): 1-9.

[2] SROUR J R, MCGARRITY J M. Radiation effects on microelectronics in space [J]. Proceedings of the IEEE, 1988, 76(11): 1443-1469.

[3] 赖祖武. 抗辐射电子学[M]. 北京: 国防工业出版社, 1998.

[4] 陈伟, 杨海亮, 邱爱慈, 等. 辐射物理研究中的基础科学问题[M]. 北京: 科学出版社, 2018.

[5] BEDINGFIELD K L, LEACH R D. Spacecraft system failures and anomalies attributed to the natural space environment[R]. Washington NASA Reference Publication, 1996.

[6] WILSON J W, TOWNSEND L W, SCHIMMERLING W S, et al. Transport methods and interactions for space radiations[R]. Washington NASA Reference Publication, 1991.

[7] 祁章年. 载人航天的辐射防护与监测[M]. 北京: 国防工业出版社, 2003.

[8] SEXTON F W. Measurement of single-event phenomena in devices and ICs [A]. IEEE NSREC Short Course, 1992: III-1～III-55.

[9] MEYER P, RAMATY R, WEBBER W R. Cosmic rays-astronomy with energetic particles[J]. Physics Today, 1974, 27(10): 23-28.

[10] BARTH J L, DYER C S, STASSINOPOULOS E G. Space, atmospheric and terrestrial radiation environments[J]. IEEE Transactions on Nuclear Science, 2003, 50(3): 466-482.

[11] 陈盘训. 半导体器件和集成电路的辐射效应[M]. 北京: 国防工业出版社, 2005.

[12] 周威. GaAs HBT 单粒子效应的研究[D]. 西安: 西安电子科技大学, 2014.

[13] 刘征. 单粒子效应电路模拟方法研究[D]. 长沙: 国防科学技术大学, 2006.

[14] VANALLEN J A, FRANK L A. Radiation around the earth to a radial distance of 107, 400 km [J]. Nature, 1959, 183(4659): 430-434.

[15] 王立, 郭树玲, 徐娜军, 等. 卫星抗辐射加固技术概论[M]. 北京: 中国宇航出版社, 2021.

[16] 党炜. COTS 应用于空间辐射环境的可靠性研究[D]. 北京: 中国科学院研究生院, 2007.

[17] HUGHES R C, EERNISSE E P, STEIN H J. Hole transport in MOS oxides[J]. IEEE Transactions on Nuclear Science, 1975, 22(6): 2227-2233.

[18] WEI H F, CHUNG J E, ANNAMALAI N K. Buried-oxide charge trapping induced performance degradation in fully-depleted ultra-thin SOI p-MOSFET's [J]. IEEE Transactions on Electron Devices, 1996, 43(8): 1200-1205.

[19] OLDHAM T R, MCLEAN F B. Total ionizing dose effects in MOS oxides and devices [J]. IEEE Transactions on Nuclear Science, 2003, 50(3): 483-499.

[20] SHANEYFLT M R, DODD P E, DRAPER B L, et al. Challenges in hardening technologies using shallow-trench isolation[J]. IEEE Transactions on Nuclear Science, 1998, 45(6): 2584-2592.

[21] JOHNSTON A H. Radiation effects in advanced microelectronics technologies [J]. IEEE Transactions on Nuclear Science, 1998, 45(3): 1339-1354.

[22] DODD P E, SHANEYFELT M R, FELIX J A, et al. Production and propagation of single-event transients in high-speed digital logic ICs[J]. IEEE Transactions on Nuclear Science, 2004, 51(6): 3278-3284.

[23] 曹建中, 等. 半导体材料的辐射效应[M]. 北京: 科学出版社, 1993.

[24] 沈自才. 空间辐射环境工程[M]. 北京: 中国宇航出版社, 2013.

[25] SROUR J R, MARSHALLI C J, MARSHALL P W. Review of displacement damage effects in silicon devices [J]. IEEE Transactions on Nuclear Science, 2003, 50(3): 653-670.

[26] 吕玲. GaN 基半导体材料与 HEMT 器件辐照效应研究[D]. 西安: 西安电子科技大学, 2014.

第 2 章　体硅 CMOS 器件电离辐射总剂量效应

CMOS 器件以其功耗低、抗干扰能力强、集成度高等优点，被广泛应用于航天装备。但处于空间辐射环境中的 CMOS 器件，由于受到空间辐射粒子的作用，会发生阈值电压漂移、漏电流增加、击穿电压变化、跨导降低、驱动能力下降等现象[1-6]。随着时间的增加，这些现象会变得越来越严重，最终可能会导致系统失效，从而影响卫星的寿命。因此，CMOS 器件电离辐射总剂量效应已成为国内外辐射效应研究的重要内容。本章重点介绍体硅 CMOS 器件在总剂量辐射环境下性能退化规律和物理机理、数值模拟方法等相关内容。其中，2.1 节介绍微米级体硅 CMOS 器件在多种电离辐射环境中的效应规律和损伤机理，包括不同辐射源的损伤比较、高低温环境下的辐射效应、不同剂量率辐射损伤差异及辐射损伤后的退火效应等。2.2 节介绍超深亚微米级体硅 CMOS 器件电离辐射总剂量效应，包括超薄栅氧化物的辐射效应、最劣辐射偏置条件、辐射损伤后退火效应及辐射损伤剂量率的敏感性等内容。2.3 节介绍新型体硅 CMOS 器件浅沟槽隔离（shallow trench insulation，STI）氧化层电离辐射总剂量效应的数值模拟方法。

2.1　微米级体硅 CMOS 器件电离辐射总剂量效应规律及机理

2.1.1　γ射线、电子和质子电离辐射总剂量效应比较

多年来，对半导体器件及电路的电离辐射总剂量效应研究主要依赖于 ^{60}Co 源产生的 γ 射线来模拟空间辐射环境。因为空间辐射环境中的高能粒子主要包括高能电子和质子，所以人们自然怀疑由实验室 ^{60}Co γ 射线源对电子元器件的辐射效应与空间环境的辐射效应是否可以等效。因此，研究不同源电离辐射总剂量效应的异同性，已成为抗辐射加固领域的一个重要方向[7-11]。

图 2.1 为最劣辐照偏置下（$V_{gs}=V_{dd}=5V$，$V_{ss}=0V$），微米级 CC4007RH 器件 ^{60}Co γ 射线（剂量率为 90.2rad(Si)/s）、1MeV 电子、2MeV 质子、5MeV 质子和 7MeV 质子的辐照效应。CC4007RH 器件为加固型双互补对 CMOS 倒相器，制备工艺采用 3μm 硅栅工艺，栅氧化层厚度为 70nm。从阈值电压的漂移来看，在 5V 栅压下，器件电离辐射损伤与质子能量成正比，即器件电离辐射损伤随着质子能量的增加而增加，较高能量的质子比较低能量的质子造成的损伤更大。^{60}Co γ 射线对器件的

辐射损伤稍大于 1MeV 电子。^{60}Co γ 射线的能量分别为 1.17MeV 和 1.33MeV，与二氧化硅的作用主要是康普顿散射，其最大能量约为 1MeV，所以，^{60}Co γ 射线与 1MeV 电子对器件造成的损伤在误差范围内相当。

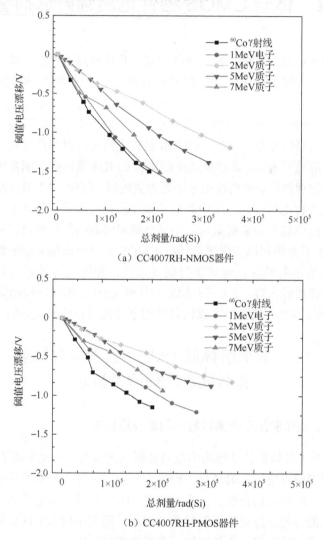

（a）CC4007RH-NMOS器件

（b）CC4007RH-PMOS器件

图 2.1　阈值电压漂移随辐射总剂量的变化

　　一般情况下，CMOS 器件辐射损伤程度用单位剂量下阈值电压的漂移值，即损伤灵敏度来表示。表 2.1、表 2.2 分别为加固型 CC4007RH-NMOS 器件和加固型 CC4007RH-PMOS 器件在电子和质子辐照下的损伤灵敏度与 ^{60}Co γ 射线的比较。能量小于 7MeV 低能质子的损伤灵敏度比 ^{60}Co γ 射线的要小，质子对 CMOS 器件造成的损伤随着质子能量的增加而增加。在 1～7MeV 质子、^{60}Co γ 射线和

1MeV 电子的辐照效应中，^{60}Co γ 射线损伤灵敏度最大。1MeV 电子损伤灵敏度要小于 ^{60}Co γ 射线，但二者的差别不大。因此在地面试验中，^{60}Co γ 射线源是模拟空间的最劣辐射环境。

表 2.1　加固型 CC4007RH-NMOS 器件在电子和质子辐照下的损伤灵敏度与 ^{60}Co γ 射线的比较

辐射源种类	辐射源能量/MeV	损伤灵敏度/（V/krad）	与 ^{60}Co γ 射线损伤灵敏度比
^{60}Co γ 射线	平均 1.25	0.00996	1
电子	1	0.00831	0.83
	2	0.00386	0.39
质子	5	0.00471	0.47
	7	0.00781	0.78

表 2.2　加固型 CC4007RH-PMOS 器件在电子和质子辐照下的损伤灵敏度与 ^{60}Co γ 射线的比较

辐射源种类	辐射源能量/MeV	损伤灵敏度/（V/krad）	与 ^{60}Co γ 射线损伤灵敏度比
^{60}Co γ 射线	平均 1.25	0.0083	1
电子	1	0.0055	0.66
	2	0.0028	0.34
质子	5	0.0031	0.37
	7	0.0049	0.59

2.1.2　辐照温度、辐照剂量率对电离辐射总剂量效应的影响

对于应用于航天设备的 CMOS 器件，在使用过程中不仅要受到低剂量率的宇宙射线辐射，同时还受到轨道空间交变温度的影响。因此研究 CMOS 器件辐照性能时，考虑辐照温度、辐照剂量率对器件性能参数的影响具有实际意义。

1.　辐照温度对电离辐射总剂量效应的影响

CMOS 器件电离辐射总剂量效应与辐照温度相关。图 2.2 和图 2.3 为 CC4007RH-NMOS 器件在高、低温环境下的电离辐射总剂量效应。在相同总剂量下，低温辐照时器件阈值电压漂移量（ΔV_{th}）大于室温情况。从图 2.3 中辐射缺陷的分离结果看出，低温（−30℃）辐照感生的氧化物陷阱电荷比室温（25℃）多，界面态电荷比室温少。这主要是因为器件在室温条件下辐照时，在 SiO$_2$ 层中均匀地产生电子-空穴对，正电场的作用使空穴向 Si/SiO$_2$ 界面输运，被 Si/SiO$_2$ 界面约 200 Å 范围内的空穴陷阱所俘获，成为带正电的氧化物陷阱电荷。空穴输运的同时还会与含氢缺陷发生反应，释放氢离子，扩散到 Si/SiO$_2$ 界面的氢离子与界面处的应力键和硅中的电子结合，形成新的界面态[12]。低温辐照时，氧化层中产生的

电子仍具有较高的迁移率，在电场的作用下，被扫出 SiO_2 膜。由于低温时，氧化层中各类空穴陷阱增多，空穴的迁移率很低，增大了对空穴的俘获概率[13]，此时空穴的俘获不再发生在 Si/SiO_2 界面附近。在正电场的作用下，辐照使氧化层中产生的空穴以平均传输距离向硅衬底输运，仅在靠近栅极与氧化层界面处俘获空穴。同时，在低温下，仍有比室温时少得多的空穴到达 Si/SiO_2 界面与应力键和硅中的电子结合而形成界面态，所以低温辐照感生的氧化物陷阱电荷比室温多，界面态电荷比室温少。

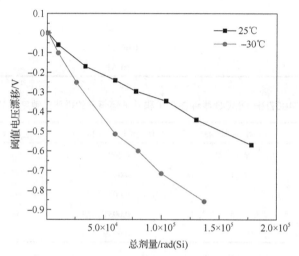

图 2.2　CC4007RH-NMOSΔV_{th} 随总剂量的变化

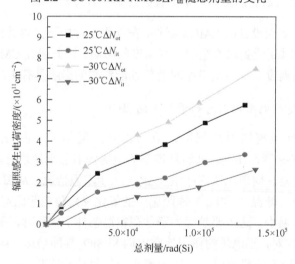

图 2.3　CC4007RH-NMOS 辐照感生电荷密度随总剂量的变化

ΔN_{ot} 为氧化物陷阱电荷密度的变化；ΔN_{it} 为界面态电荷密度的变化

2. 辐照剂量率对电离辐射总剂量效应的影响

CMOS 器件电离辐射总剂量效应受辐照剂量率的影响很大。受不同的剂量率辐照后，器件的失效机理和失效水平是不同的[14]。图 2.4 为 CC4007RH-NMOS 器件受不同剂量率的 γ 射线辐照时，阈值电压漂移随总剂量的变化。阈值电压漂移随总剂量的增加向负电压方向增加，这是因为相对低剂量率辐照而言，在高剂量率辐照下，辐照感生的电子-空穴对较多，辐照诱导的感生电荷也较多。受不同剂量率辐照时，器件阈值电压的漂移程度不一样。在相同总剂量辐照的情况下，阈值电压的漂移量随辐照剂量率的增加而增加。这是因为在高低剂量率辐照下，氧化物陷阱电荷和界面态电荷的相对密度大小不同，所以阈值电压的漂移量发生差异。低剂量率下的电离辐射总剂量效应是氧化物陷阱电荷随时间的增加产生的退火效应与界面态电荷随时间的增加而增多效应的综合结果。高剂量率辐照条件下，器件失效主要由氧化物陷阱电荷引起的阈值电压负向漂移引起。在剂量率适中的情况下，氧化物陷阱电荷量会一定程度地下降，界面态电荷量会一定程度地增加，两种效应可能会抵消。不同剂量率辐照下电离辐射总剂量效应的不同，主要是氧化物陷阱电荷和界面态电荷的贡献有差异。

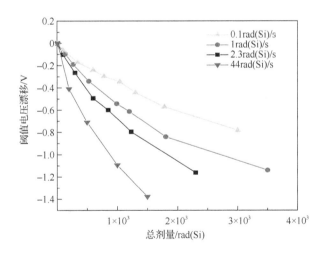

图 2.4　不同剂量率辐照下 CC4007RH-NMOS 器件阈值电压漂移随总剂量的变化

2.1.3　总剂量辐照损伤后的退火效应

CMOS 器件在接受总剂量辐照的同时也发生着与温度、电场等因素相关的退火效应，退火效应的存在使得器件性能在退化的同时也会有部分甚至全部恢复。因此，对辐照后 CMOS 器件进行高温退火也是电离辐射总剂量效应研究必不可少的环节之一。

1. 等温、等时退火效应

在利用实验室条件预估空间辐照效应时，只有将辐照后的退火行为考虑进去，才能避免过高或过低地预估辐照损伤。辐照后的退火行为取决于器件内部因素（与工艺相关的本征特性）和外部因素（偏压、温度及辐照剂量率）。

图 2.5 为 CC4007RH-NMOS 器件 25℃与 100℃等温退火速度的比较，其中栅偏压为 5V，其余管脚为 0V。图中采用了一个归一化的分量"未退火部分"来表示等温退火速度。"未退火部分"定义为

$$N = \frac{V_{th} - V_{th}\left(\text{辐照前}\right)}{V_{th}\left(\text{辐照后}\right) - V_{th}\left(\text{辐照前}\right)}$$

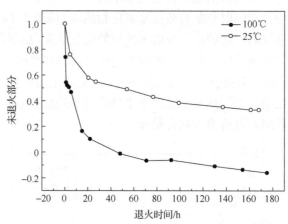

图 2.5　CC4007RH-NMOS 器件 25℃与 100℃等温退火速度的比较

图 2.5 中第一个参考点为刚刚辐照结束后的阈值电压比值。从图中可见，100℃等温退火的速度远大于 25℃等温退火的速度。经过 100℃等温退火的器件在 22h 已退火 90%，40h 左右恢复到辐照前值，随后出现回弹。经过 25℃等温退火的器件，在 168h 后，只退火了 67%。定义阈值电压回漂相同值时所需时间的比值 t_1 / t_2 为加速因子 τ。若取阈值电压退火 60%时的时间 t_1=80h，t_2=5.5h，则加速因子 $\tau \approx 14.5$。

等时退火温度是一阶梯函数，步长为 25℃，范围为 25～250℃，每次退火时间为 10min，退火速度为 $4.16 \times 10^{-2} \mathrm{K \cdot s^{-1}}$。图 2.6 为 5V 栅偏压下 25～250℃等时退火过程中阈值电压漂移的变化，辐照总剂量为 $1 \times 10^5 \mathrm{rad(Si)}$。在等时退火过程中，界面态电荷随着温度的升高而增加，氧化物陷阱电荷随着温度的升高而减少，两者的综合作用使阈值电压迅速回漂。阈值电压虽然大幅度回漂，但并未达到辐照前值。等时退火过程中，界面态电荷对阈值电压回漂的贡献大于氧化物陷阱电荷的贡献，界面态电荷引起的阈值电压漂移 ΔV_{it} 在 225℃回落，界面态出现退火。

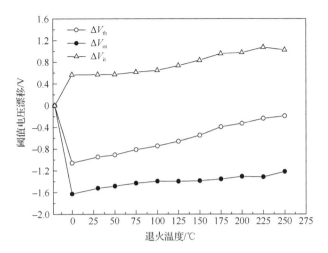

图 2.6 5V 栅偏压等时退火阈值电压漂移的变化

图 2.7 为不同偏置情况下等时退火速度的对比结果。5V 栅偏压退火速度最快，0V 栅偏压退火与浮空状态接近，其退火速度远远低于 5V 栅偏压情况。在 250℃退火后，5V 栅偏压退火的阈值电压已恢复了 84%，而 0V 栅偏压与浮空状态退火的阈值电压仅恢复了 40%。

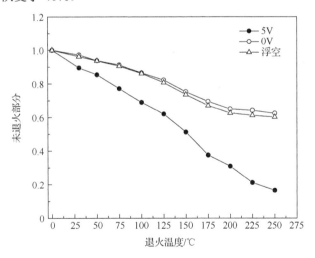

图 2.7 不同偏置情况下等时退火速度的比较

虽然 25℃等温退火速度缓慢，但研究器件在 25℃的退火效应也有一定的意义。通过与 100℃等温退火结果的比较，可以确定器件的加速因子，进而可以确定激活能。在 100℃等温退火过程中，界面态的生成和氧化物陷阱电荷的退火及阈值电压的回漂，在退火 20h 内大部分完成。在等时退火过程中，阈值电压的回漂是个近似线性过程；界面态的生成在低温时较慢，100℃以后生成速度加快。氧化物陷阱电荷的退火在退火初期就已开始。从 100℃等温退火的数据可以看出，无论是阈值电压还是两个分量，在退火后期基本饱和，变化很缓慢；而在等时退火过程中，250℃后阈值电压的回漂并未达到饱和。

无论是等温退火还是等时退火，它们的热激发原理均是氧化层中的陷阱电荷被激发到氧化层价带，陷阱电荷一旦进入价带，便可能随机跳跃进入界面和硅衬底。氧化层中的陷阱电荷被激发的概率与温度及陷阱能级位置有关。辐照外加等时退火试验在一天内就可以完成，不仅效果上可与等温退火媲美，而且试验时间大大缩短。通过理论计算，可以找出等时退火代替等温退火来预估空间低剂量率辐照效应的方法。

2. 退火过程激活能确定

辐照会在 MOS 器件的氧化层中产生陷阱电荷，从而引起器件失效。辐照产生的陷阱电荷，一定条件下会逃离陷阱的俘获，即发生退火效应，这会引起 MOS 器件衰退参数一定程度的恢复。随着温度升高，氧化物陷阱正电荷退火速度加快，最大值发生在 100℃附近；随着温度升高，界面态累积速度加快，它的退火温度发生在 300℃左右。这里只讨论氧化层陷阱正电荷的热激发过程。在热激发过程中，俘获在 SiO$_2$ 禁带中不同能级位置上的陷阱正电荷被释放到价带，从而逃离氧化层。

化学反应速率与温度的关系，早在 1899 年就由 Arrhenius 试验总结出来了，其经验公式如下：

$$\frac{\mathrm{d}M}{\mathrm{d}t} = A\exp(-E/kT) \tag{2.1}$$

式中，A 为常数；E 为某种失效机理的激活能，单位为 eV；k 为玻尔兹曼常量；T 为热力学温度。目前普遍认为，被俘获陷阱电荷的逃脱概率服从 Arrhenius 公式，则在恒定温度下，陷阱电荷的退火效应随时间的变化满足：

$$\frac{\mathrm{d}n}{\mathrm{d}t} = -\sigma n(t) \tag{2.2}$$

式中，t 为退火时间；$n(t)$ 为陷阱电荷密度；σ 为单位时间内一个电荷逃离陷阱的概率，它遵循 Arrhenius 公式：

$$\sigma = \nu\exp(-E/kT) \tag{2.3}$$

式中，T 为热力学温度；ν 为频率因数；E 为激活能。将式（2.3）代入式（2.2）并积分，同时设 $T=ct+T_0$，得到：

$$n(T) = n_0\exp\left[-\frac{\nu}{c}\int_{T_0}^{T}\exp\left(-\frac{E}{kT'}\right)\mathrm{d}T'\right] \tag{2.4}$$

式中，c 为加热率；T_0 为温度初值。定义 $dn(T)/dT$ 取最大值时的温度为特性温度 T^*，则从式（2.1）～式（2.4）得出：

$$\frac{E}{kT'} = \ln \frac{\nu k T^*}{cE} \tag{2.5}$$

给定频率因数 ν，加热率 c 由试验确定，则从式（2.5）中可以得到与特性温度 T^* 相关的激活能。在等时退火过程中，温度阶梯上升，实际是将数个相等时间周期的等温退火近似成温度线性上升的等时退火。由 Vitaly Danchenko 等[15]提出的近似方法可以得到：

$$n_0(E_0) = -\frac{1}{\dfrac{dE_0}{d(kT)}} \cdot \frac{dN}{d(kT)} \approx \frac{dN}{d(kT)} \cdot \frac{1}{\dfrac{E_0}{kT} + 1} \tag{2.6}$$

确定了等时退火的速度，即可确定 n_0。

图 2.8 为 CC4007RH-NMOS 器件在等时退火过程中，阈值电压的变化量 ΔV_{th} 和氧化物陷阱电荷引起的阈值电压变化分量 ΔV_{ot} 随退火温度的变化情况，采用归一化的分量"未退火部分"来测量等时退火过程。随着退火温度的升高，阈值电压迅速回漂。回漂的一个原因是氧化物陷阱电荷在高温下快速退火，另一个原因是界面态在高温下的产生。对试验曲线进行微分，找出各退火温度下的退火速度。图 2.9 为氧化物陷阱电荷分量等时退火曲线微分后的结果，图中曲线的极值点所对应的温度为特性温度 T^*，即 150℃为此样品的特性温度。通过式（2.5）计算出各温度下相应的激活能如表 2.3 所示，频率因数 ν 取值为 $1 \times 10^7 \text{s}^{-1}$ [16]，特性温度 150℃的激活能为 0.82eV。

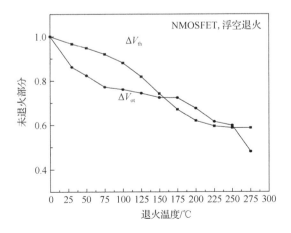

图 2.8　等时退火试验曲线

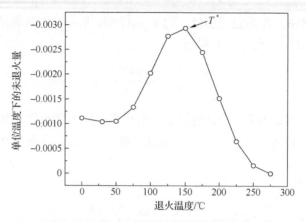

图 2.9　等时退火曲线的微分确定特性温度

表 2.3　等时退火各温度下的激活能

温度/℃	25	50	75	100	125	150*	175	200	225	250
激活能/eV	0.57	0.62	0.67	0.72	0.77	0.82	0.87	0.92	0.97	1.02

　　有了激活能和各温度下的退火速度,通过式(2.6)得到各激活能下的初始分布,结果如图 2.10 表示,图中 n_0 的单位为 eV^{-1}。前面讨论陷阱正电荷的逃脱,只假设与其自身的能级位置及温度和时间相关,忽略了陷阱正电荷与从硅衬底中隧道注入电子的复合。实际上,从硅衬底中隧道注入 SiO_2 层的电子,以及辐照在 SiO_2 层中产生的电子,都能够与陷阱正电荷中和。由于辐照产生的电子迁移率很大,大部分在短时间内快速移至栅电极,逃离氧化层。在不加栅偏压退火条件下,忽略了电场引起势垒降低而引发的隧道注入电子。用等时退火方法确定激活能,容易掌握且节省时间。在掌握了陷阱电荷激活能的基础上,可以进一步分析陷阱电荷在 SiO_2 中的能量分布和密度分布。

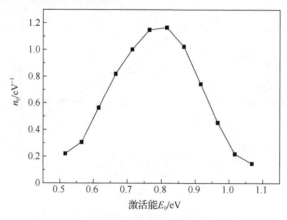

图 2.10　等时退火过程中各激活能下的初始分布

2.2 超深亚微米级体硅 CMOS 器件电离辐射总剂量效应

采用加固设计方法,商用超深亚微米级 CMOS 器件在卫星系统中得到了广泛的应用[17]。随着栅氧化层变薄,虽然它对总剂量的敏感性下降,但是现代 CMOS 器件中的浅沟槽隔离(STI)氧化层并不随着栅氧化层变薄而等比例缩小。其结果是,浅沟槽隔离氧化层中辐照导致的陷阱电荷仍能引起源漏极泄漏电流或者互扩散泄漏电流等宏观效应,最终限制传统 CMOS 器件的抗总剂量辐照能力。图 2.11 为 STI 晶体管剖面图。

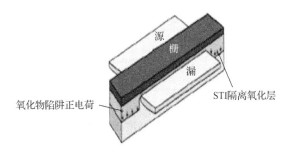

图 2.11 STI 晶体管剖面[18]

2.2.1 0.18μm NMOS 器件电离辐射总剂量效应

图 2.12 为总剂量辐照下 0.18μm NMOS 器件的转移特性曲线的变化,辐照剂量率为 50rad(Si)/s。随辐照剂量的增加转移特性曲线没有平移或延伸,表明可以忽略薄栅氧化层中氧化物陷阱电荷的积累和界面态产生[19],但是由场氧化层引起的关态漏电流产生明显的增加现象。栅偏压为 0V 对应器件的关态,场氧化层中辐射诱导电荷积累导致关态漏电流急剧增加的剂量约为 50krad(Si),达到饱和的剂量达几百 krad(Si)。不同沟道宽度的器件对总剂量表现出的敏感性并不相同。沟道宽度越小,总剂量辐射引起的阈值电压漂移越大,学者把这种现象称为“由辐照引起的窄沟效应[20](radiation induced narrow channel effects,RINCE)”。这主要是由于在沟道宽度方向两侧的栅电极覆盖了部分氧化层,存在边缘电容,当沟道宽度减小时,边缘电容在总的栅电容中所占的比例增大,辐照在 STI 晶体管中引起的氧化层电荷数占栅控总电荷数的比例增加。因此,宽沟道有利于提高器件的抗辐照特性。

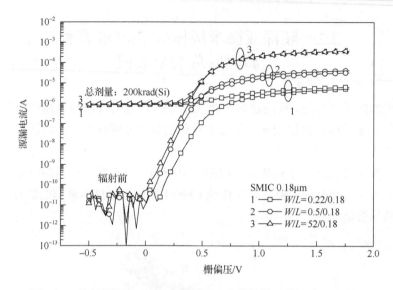

图 2.12   总剂量辐照下 0.18μm NMOS 器件的转移特性曲线的变化

2.2.2   关态漏电流与辐照偏置的关系

辐照偏置对 NMOS 器件电离辐射总剂量效应的影响很大。图 2.13 为不同辐照偏置条件下，0.18μm NMOS 器件关态漏电流与总剂量的关系。表 2.4 为四种辐照试验偏置条件，V_G、V_S、V_D 和 V_B 分别对应器件的栅、源、漏和衬底的电压，V_{DD}

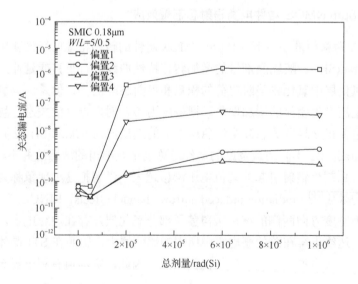

图 2.13   不同辐照偏置条件下 0.18μm NMOS 器件关态漏电流与总剂量的关系

表 2.4　辐照试验偏置条件

偏置条件	V_{DD}/V	V_{SS}/V	V_G/V	V_S/V	V_D/V	V_B/V
导通（偏置 1）	1.8	0	1.8	0	0	0
截止（偏置 2）	1.8	0	0	0	1.8	0
传输门（偏置 3）	1.8	0	0	1.8	1.8	0
开态（偏置 4）	1.8	0	0.7	0	1	0

为电源电压，V_{SS} 为接地电压。不同偏置条件的退化量是不同的，其中，导通偏置条件退化最严重，该偏置对于超深亚微米级器件而言，依然是电离辐射总剂量效应的最劣偏置。因为对于超深亚微米级器件，电离辐射总剂量效应的敏感区是 STI，较大的栅极电压产生的强电场有利于使辐射产生的电子-空穴对分开，进而增强辐照效应。

2.2.3　关态漏电流与退火温度的关系

NMOS 器件总剂量辐照退火效应与温度相关。图 2.14 为不同退火温度下，0.18μm NMOS 器件关态漏电流退火速度与退火时间的关系。整个辐照和退火过程中，栅极相对其他终端保持 1.8V 的偏压。关态漏电流随温度发生快速退火，例如在 50℃下，所有俘获的电荷在 30h 内发生了退火。图 2.15 为不同尺寸晶体管退火数据的阿伦尼乌斯（Arrhenius）曲线，关注关态漏电流恢复一半的时间与温度的关系。在整个温度范围内，5/0.18、5/0.5 和 5/1.5 三种宽、长比晶体管的关态漏电流发生退火的激活能分别为 0.718eV、0.704eV 和 0.687eV，代表了浅氧化层陷阱的特性，如 E'_δ 中心（能量水平：0.5～1.0eV），被认为能够阻碍氧化层中含有高浓度有氧空位传输[21,22]。

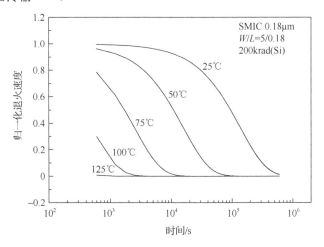

图 2.14　不同退火温度下 0.18μm NMOS 器件关态漏电流退火速度随时间的变化

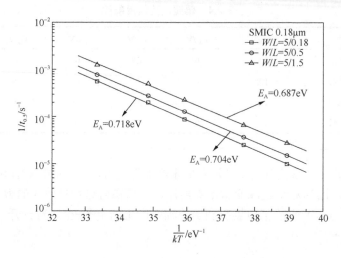

图 2.15　不同尺寸晶体管退火数据的阿伦尼乌斯曲线

2.2.4　关态漏电流与辐照剂量率的关系

　　辐照剂量率对小尺寸 NMOS 器件电离辐射总剂量效应有影响。图 2.16 为高、低剂量率辐照（选最劣辐照偏置）下，0.18μm NMOS 器件关态漏电流随辐照和退火时间的变化关系，其中辐照剂量率为 50rad(Si)/s，退火温度为室温。可以看出，在相同总剂量条件下，低剂量率辐照下关态漏电流的退化要大于高剂量率辐照加室温退火结果。关态漏电流主要是场氧化层中电荷俘获和逃逸以及隧穿电子补偿或者热激发机理的竞争结果所导致。如果考虑室温退火过程，0.18μm NMOS 器件对辐照剂量率较敏感，是真正的"剂量率"效应，并非时间关联效应，其辐照损伤增强因子约为 2.5。0.18μm NMOS 器件辐照和退火响应表明场氧化层中空间电荷可能对器件辐照剂量率的敏感性有贡献。普遍认为，空间电荷改变了含有高浓度有氧空位和空位络合物氧化层的电荷传输和俘获特性[23,24]。由于 NMOS 绝缘氧化层较厚，相对栅氧化层多孔且承受的电场较低，电荷传输和俘获特性可能会被空间电荷影响。图 2.17 给出了与 E'_δ 中心或类似缺陷有关的空间电荷如何影响高、低剂量率辐照下在 Si/SiO$_2$ 界面附近俘获空穴的分布。在低剂量率情况下，辐射诱导空穴慢慢通过这些缺陷到达 Si/SiO$_2$ 界面，一部分被较深的陷阱俘获，改变了 Si 的表面势。然而在高剂量率辐照下，在氧化层中相对较多的俘获电荷能够产生局部化空间电荷。空间电荷场能够促使在深陷阱俘获的空穴由于足够的静电力而提前靠近界面。因此，氧化层中空间电荷可能促使高剂量率下的空穴在靠近 Si/SiO$_2$ 界面处被俘获。

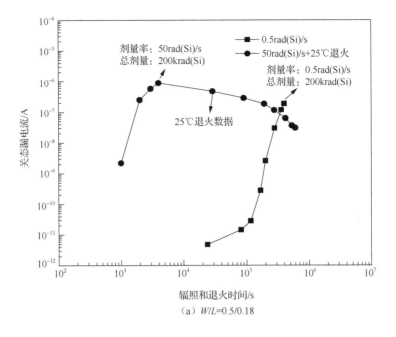

（a）W/L=0.5/0.18

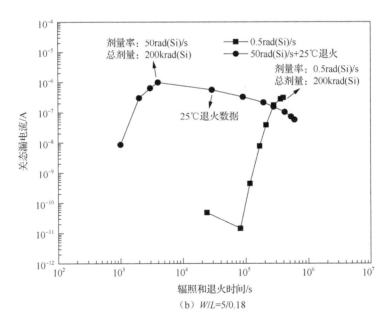

（b）W/L=5/0.18

图 2.16　高、低剂量率辐照下 0.18μm NMOS 器件关态漏电流
随辐照和退火时间的变化关系

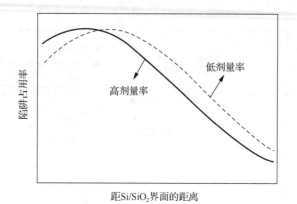

图 2.17　高、低剂量率辐照下在 Si/SiO$_2$ 界面附近俘获空穴分布的简图[25]

2.2.5　MIL-STD-883H 1019.8 试验方法应用

　　MIL-STD-883H 1019.8 是一个电离辐射总剂量效应的测试方法，是国外用来评估空间电子元器件的测试标准，它包括评估辐射诱导氧化物陷阱电荷和界面态对器件性能影响的试验程序。评估氧化物陷阱电荷的影响，要求器件在高剂量率（50~300rad(Si)/s）下进行辐照。因为高剂量率辐照对应用于低剂量率环境中的器件过分保守，所以步骤中增加了室温退火试验，目的是允许辐照后超过评判规范的相关漏电流参数符合测试标准。这一试验方法能够保证高剂量率辐照引起的氧化物陷阱正电荷的积累造成失效的非加固器件的接受率比较高。

　　图 2.18 为 0.18μm NMOS 器件在 50rad(Si)/s 高剂量率辐照、50rad(Si)/s 高剂量率辐照外加室温退火、MIL-STD-883H 1019.8 试验方法以及 0.5rad(Si)/s 剂量率

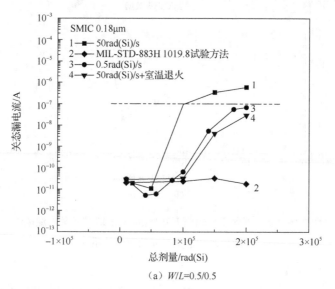

（a）W/L=0.5/0.5

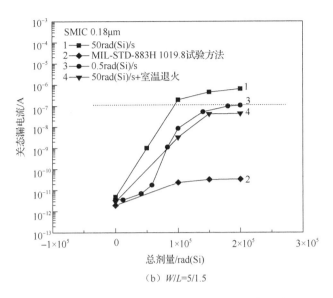

（b）W/L=5/1.5

图 2.18　不同试验方法电离辐射总剂量效应比较

辐照下四种试验结果的比较情况。在 50rad(Si)/s 高剂量率辐照下，关态漏电流发生明显增加的总剂量约为 50krad(Si)。假设漏电流的失效判据为 0.1μA，器件失效总剂量为 100krad(Si)。在误差允许的范围内，50rad(Si)/s 高剂量率辐照外加室温退火与 0.5rad(Si)/s 剂量率的辐照结果相差不大，并且失效总剂量增加到 200krad(Si)，说明增加室温退火保证了陷阱正电荷积累造成失效器件的接受率比较高，提供氧化物陷阱电荷不太保守的估计。MIL-STD-883H 1019.8 试验结果显示，关态漏电流相对辐照前变化不大，器件的失效总剂量远远超过 200krad(Si)。这是由于温度的提高，加速了氧化物陷阱电荷退火，进而提高了器件的抗辐照性能。

2.2.6　电离辐射总剂量效应 TCAD 数值仿真

由于 STI 场氧区的漏电将取代阈值电压的漂移成为超深亚微米级器件辐照失效的主要模式，因此，应重点考虑 STI 场氧区辐照缺陷对器件特性的影响。关态漏电流是辐照中电荷积累与辐照中和辐照后电荷退火效应的竞争所致。在 STI 隔离氧化层中添加非均匀电荷分布来模拟总剂量辐照效应，将其分布在距离 STI 界面几纳米尺度范围内，并将影响区域均匀划分为多个小区域，每个小区域内添加等密度的正电荷，密度值由解析式（2.7）[26]给出。

辐照过程中的缺陷积累：

$$p_t(t) = \frac{gk_1 N_t}{gk_1 + k_2}\left[1 - e^{-(gk_1 + k_2)t}\right] = \frac{gk_1 N_t}{gk_1 + k_{20}e^{-\beta x}}\left[1 - e^{-\left(gk_1 + k_{20}e^{-\beta x}\right)t}\right] \quad （2.7）$$

式中，$p_t(t)$为 t 时刻正电荷密度；g 为辐照剂量率；k_1、k_2 分别为空穴俘获率常数和退火率常数；k_{20} 为逃逸频率；β 为和势垒高度有关的隧穿参数；N_t 为空穴陷阱密度，取 $3\times10^{17}\text{cm}^{-3}$。

退火过程中的缺陷恢复：

$$p_t(t) = p_t(t_r)e^{-k_2(t-t_r)} = p_t(t_r)e^{-k_{20}e^{-\beta x(t-t_r)}} \tag{2.8}$$

图 2.19（a）和（b）分别为不同总剂量辐照下，$0.18\mu m$ NMOS 器件 I_{ds}-V_g 特性曲线辐照试验和计算机辅助设计技术（technology computer aided design，TCAD）仿真结果。

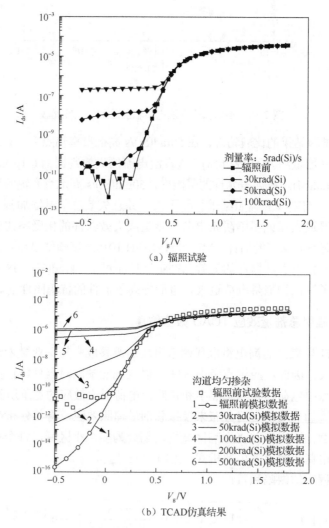

（a）辐照试验

（b）TCAD仿真结果

图 2.19 不同总剂量辐照下 $0.18\mu m$ NMOS 器件 I_{ds}-V_g 特性曲线

2.3　新型体硅 CMOS 器件隔离氧化层电离辐射总剂量效应数值模拟

研究资料表明，当器件尺寸达到超深亚微米级尺度时，薄的栅氧化层对总剂量辐射不敏感，总剂量辐射敏感部位变为 STI 隔离氧化层，主要原因是辐射在 STI 侧墙感生氧化物陷阱电荷（N_{ot}）和界面态（N_{it}），导致形成辐射漏电通道[26,27]。辐射漏电通道可分为两类，一类为器件边缘漏电，另一类为场区漏电，如图 2.20 所示。

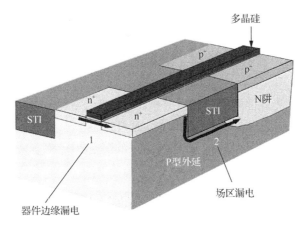

图 2.20　超深亚微米级 MOSFET 辐照感生的漏电通道[26,27]

下面主要关注 MOS 器件的边缘漏电情况。图 2.21 为 STI 寄生管等效物理位置示意图。MOSFET 可以看作是由正常条件下的主晶体管和两个浅沟槽隔离氧化物寄生晶体管组成。寄生晶体管的阈值电压随总剂量增加迅速降低，正电荷数量的增加会导致衬底耗尽甚至反型，从而在源极和漏极之间形成漏电路径。

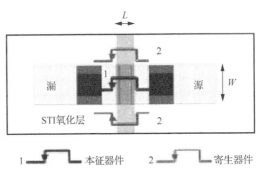

图 2.21　STI 寄生管等效物理位置

2.3.1　耦合电离辐射总剂量效应的表面势模型

利用表面势方程来模拟 MOS 器件的 I-V 特性。为了引入总剂量辐照对器件 I-V 特性的影响，对表面势方程进行修正，主要考虑 N_{ot} 和 N_{it} 对表面势 ψ 的影响：

$$\left(V_g - \Phi_{MS} + \phi_{nt} - \psi_s\right)^2 = \gamma^2 \phi_t H\left(\beta\psi_s\right) \tag{2.9}$$

$$H\left(\beta\psi_s\right) = e^{-\beta\psi_s} + \beta\psi_s - 1 + e^{-\beta(2\phi_b + \phi_n)}\left(e^{\beta\psi_s} - \beta\psi_s - 1\right) \tag{2.10}$$

式中，Φ_{MS} 为栅和半导体的功函数差；γ 为体效应因子；ϕ_t 为热激发电压；$\beta = 1/\phi_t$；ϕ_n 为沟道电压。通过缺陷电势（ϕ_{nt}）引入辐射诱导缺陷参数 N_{ot} 和 N_{it}。

$$\phi_{nt} = \frac{q}{C_{ox}}\left[N_{ot} - D_{it}\left(\psi_s - \phi_b\right)\right] \tag{2.11}$$

式中，$D_{it} = N_{it}/\phi_b$，为界面陷阱的能量分布，单位为 $cm^{-2} \cdot eV^2$，假设 D_{it} 在禁带中央附近变化不大；q 为电荷量；C_{ox} 为单位面积的栅电容。对沟道电压做如下的定义：在沟道结束源端电压 $\phi_n = V_{sb}$，在沟道结束漏端电压 $\phi_n = V_{sb} + V_{sd}$，ϕ_b 是体电势：

$$\phi_b = \phi_t \cdot \ln\frac{N_A}{n_i} \tag{2.12}$$

通过求解表面势方程，获得沟道源端和漏端的电压，并计算辐照诱导的漂移电流和扩散电流。

漂移电流：

$$I_1 = \left[V_{gb} - \Phi_{MS} + \frac{q}{C_{ox}}\left(N_{ot} + D_{it}\phi_b\right)\right]\left(\psi_{sd} - \psi_{ss}\right) - \frac{1}{2}\left(1 + \frac{qD_{it}}{C_{ox}}\right)\left(\psi_{sd}^2 - \psi_{ss}^2\right)$$
$$- \frac{2}{3}\gamma\left[\left(\psi_{sd} - \phi_t\right)^{3/2} - \left(\psi_{ss} - \phi_t\right)^{3/2}\right] \tag{2.13}$$

扩散电流：

$$I_2 = \phi_t\left\{\left(\psi_{sd} - \psi_{ss}\right)\left(1 + \frac{qD_{it}}{C_{ox}}\right) + \gamma\left[\left(\psi_{sd} - \phi_t\right)^{1/2} - \left(\psi_{ss} - \phi_t\right)^{1/2}\right]\right\} \tag{2.14}$$

辐照导致陷阱正电荷在场氧区中累积，当累积到一定剂量后会导致 STI 表面反型，形成导电通路。因此，可以把辐照引起的场氧泄漏电流当作寄生晶体管的电流来处理。

2.3.2　寄生管参数提取

考虑辐照效应与寄生氧化层厚度的关系，把 STI 划分成很多个寄生晶体管，如图 2.22 所示。假设衬底均匀掺杂，每一个寄生晶体管的位置为

$$Z(i) = (i-1)\cdot W_{s} + \frac{W_{s}}{2} \tag{2.15}$$

其有效栅氧化层厚度近似为

$$t_{ox} \approx Z(i)\cdot\frac{\pi}{2} \quad 1\leqslant i\leqslant n \tag{2.16}$$

利用表面势方程计算每一个寄生晶体管的 I-V 特性，总的漏电流可以表示为

$$I_{d,off} = \sum_{i=1}^{N} I_{d,off,i} \tag{2.17}$$

式中，$I_{d,off,i} = \mu_{eff}\dfrac{W_{s}}{L}C_{ox}(I_1+I_2)$，$W_{s}$ 为寄生晶体管有效宽度，其值等于源/漏结深。

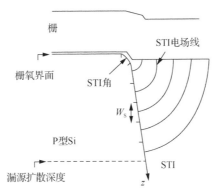

图 2.22　寄生晶体管的电路级模型示意图

假设 W_{s}=60nm，侧墙掺杂浓度为 $3.0\times10^{17}cm^{-3}$，模拟中用到的其他模型参数见表 2.5。图 2.23 为不同总剂量辐照条件下，STI 氧化层中辐照诱导的 N_{ot} 和 N_{it} 随侧墙深度的变化关系。辐照感生电荷密度的分布存在一个最大值，辐照感生电荷密度随着辐照剂量的增加而增加，且辐照剂量越大，辐照感生电荷密度最大值的分布越靠近 STI 角。其原因是在较高的总剂量辐照下，界面处的电场较高，导致空穴的俘获和界面态的产生在静电场的作用下更接近 STI 隔离拐角。图 2.24 给出了 0.18μm NMOS 器件数值模拟结果和辐照试验结果的比较情况。

表 2.5　模拟中用到的其他模型参数

参数	值	单位
N_t	8.0×10^{19}	cm^{-3}
σ_p	2.8×10^{-14}	cm^2
σ_n	3.0×10^{-14}	cm^2
N_{DH}	7.3×10^{17}	cm^{-3}
σ_{DH}	2.0×10^{-15}	cm^2
N_{SiH}	4.8×10^{12}	cm^{-2}
σ_{it}	2.0×10^{-12}	cm^2
x_2	25	nm

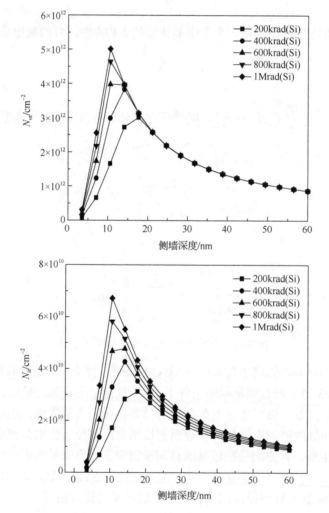

图 2.23　不同总剂量辐照下辐照诱导的 N_{ot} 和 N_{it} 随侧墙深度的变化关系

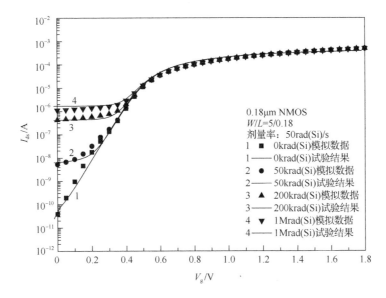

图 2.24　0.18μm NMOS 器件数值模拟结果和辐照试验结果的比较

参 考 文 献

[1] OLDIIAMT R, MCLEANF B. Total ionizing dose effects in MOS oxides and devices[J]. IEEE Transactions on Nuclear Science, 2003, 50(3): 483-499.

[2] BARNABY H J, MCLAIN M, ESQUEDA I S. Total ionizing dose effects on isolation oxides in modern CMOS technologies[J]. Nuclear Instruments and Methods in Physics Research Section B: Beam Interactions with Materials and Atoms, 2007, 261(1-2): 1142-1145.

[3] 何宝平. CMOS 电路空间低剂量率辐照效应模拟方法研究[D]. 合肥: 中国科学技术大学, 2006.

[4] 姚育娟. 电离辐照损伤后 MOS 器件的等温和等时退火效应研究[D]. 西安: 西北核技术研究所, 2000.

[5] 王桂珍. 电子元器件在不同源辐照下总剂量效应异同性研究[D]. 西安: 西北核技术研究所, 2001.

[6] 张正选. MOS 器件和集成电路的电离辐射效应研究[D]. 西安: 西安交通大学, 2000.

[7] 范隆, 任迪远, 张国强, 等. PMOS 剂量计的退火特性[J]. 半导体学报, 2000, 21(4): 383-387.

[8] 何宝平, 王桂珍, 周辉, 等. NMOS 器件不同剂量率 γ 射线辐照响应的理论预估[J]. 物理学报, 2003, 52(1): 188-191.

[9] 何宝平, 王桂珍, 龚建成, 等. 利用等时退火法预估等温退火效应实验研究[J]. 物理学报, 2003, 52(9): 2239-2243.

[10] STASSINOPOULOS E G, BRUCKER G J, VAN GUNTEN O. Total dose and dose-rate dependence of proton damage in MOS devices during and after irradiation[J]. IEEE Transactions on Nuclear Science, 1984, 31(6): 1444-1447.

[11] TALLOR R W, ACKERMAN M R, KEMP W T, et al. A comparison of ionizing radiation damage in MOSFETs from cobalt-60 gamma rays, 0.5 to 22 MeV protons and 1 to 7 MeV electrons[J]. IEEE Transactions on Nuclear Science, 1985, 32(6): 4393-4399.

[12] KNOLL M, BRAUNING D, FAHRNER W R. Generation of oxide charge and interface states by Ionizing radiation and by tunnel injection experiments[J]. IEEE Transactions on Nuclear Science, 1982, 29(6): 1471-1476.

[13] SAKS N S, ANCONA M G, MODOLO J A. Radiation effects in MOS capacitors with very thin oxides at 80 degree K[J]. IEEE Transactions on Nuclear Science, 1984, 31(6): 1249-1253.

[14] MCWHORTER P J, MILLER S L, MILLER W M. Modeling the anneal of radiation-induced trapped holes in a varying thermal environment[J]. IEEE Transactions on Nuclear Science, 1990, 37(6): 1682-1689.

[15] DANCHENKO V, DESAI U D, BRASHEARS S S. Characteristics of thermal annealing of radiation damage in MOSFET's[J]. Journal of Applied Physics, 1968, 39(5): 2417-2424.

[16] SAIGNE F, DUSSEAU L, ALBERT L, et al. Experimental determination of the frequency factor of thermal annealing process in metal oxide semiconductor gate-oxide structures[J]. Journal of Applied Physics, 1997, 82(8): 4102-4107.

[17] LACOE R C, OSBORN J V, KOGA R, et al. Application of hardness-by-design methodology to radiation-tolerant ASIC technologies[J]. IEEE Transactions on Nuclear Science, 2000, 47(6): 2334-2341.

[18] SHANEYFLT M R, DODD P E, DRAPER B L, et al. Challenges in hardening technologies using shallow-trench isolation[J]. IEEE Transactions on Nuclear Science, 1998, 45(6): 2584-2592.

[19] FLEETWOOD D M, WINOKUR P S, BARNES C E, et al. Accounting for time dependent effects on CMOS total-dose response in space environments[J]. Radiation Physics and Chemistry, 1994, 43(1-2): 129-138.

[20] FACCIO F, CERVELLI G. Radiation-induced edge effects in deep submicron CMOS transistors[J]. IEEE Transactions on Nuclear Science, 2005, 52(6): 2413-2420.

[21] SCHWANK J R, WINOKUR P S, MCWHORTER P J, et al. Physical mechanisms contributing to device rebound[J]. IEEE Transactions on Nuclear Science, 1984, 31(6): 1434-1438.

[22] LU Z Y, NICKLAW C J, FLEETWOOD D M, et al. The structure, properties and dynamics of oxygen vacancies in amorphous SiO_2[J]. Physical Review Letters, 2002, 89(28): 285505-1-285505-4.

[23] FLEETWOOD D M, KOSIER S L, NOWLIN R N, et al. Physical mechanisms contributing to enhanced bipolar gain degradation at low dose rates[J]. IEEE Transactions on Nuclear Science, 1994, 41(6): 1871-1883.

[24] FLEETWOOD D M, RIEWE L C, SCHWANK J R, et al. Radiation effects at low electric fields in thermal SIMOX and bipolar-base oxides[J]. IEEE Transactions on Nuclear Science, 1996, 43(6): 2537-2546.

[25] WITCZAK S C, LACOE R C, OSBORN J V, et al. Dose-rate sensitivity of modern nMOSFETs[J]. IEEE Transactions on Nuclear Science, 2005, 52(6): 2602-2608.

[26] BARNABY H J. Total-ionizing-dose effects in modern CMOS technologies[J]. IEEE Transactions on Nuclear Science, 2006, 53(6): 3103-3121.

[27] MCLAIN M, BARNABY H J, HOLBERT K E, et al. Enhanced TID susceptibility in sub-100nm bulk CMOS I/O transistors and circuits[J]. IEEE Transactions on Nuclear Science, 2007, 54(6): 2210-2217.

第3章　双极器件电离辐射总剂量效应

由于双极器件具有电流驱动能力强，速度快，线性和匹配特性优良等特点，在航天器的姿态控制、数据采集等电路中仍然发挥着不可替代的重要作用，是航天器用电子器件的重要组成部分。与 MOS 器件不同，双极器件在承受相同的总剂量时，低剂量率下受到的辐照损伤，要比在高剂量率条件下大，因此，将这种现象称为低剂量率辐射损伤增强效应。研究表明，双极器件的低剂量率辐射损伤增强因子的典型值为 4～5[1-4]，也就是说如果一个具有 10 年寿命的飞行器在设计时没有考虑双极器件低剂量率辐射损伤增强效应，其实际使用寿命可能只有 2 年，不能满足航天器的长寿命及高可靠性要求。因此，迫切需要研究双极器件低剂量率辐射损伤增强效应的物理机理，建立适用于地面的模拟试验方法，为准确评价双极器件的抗辐照性能和提高器件在轨可靠性提供技术支撑。本章主要对双极器件在低剂量率辐照环境中性能退化损伤相关的一些问题进行阐述。3.1 节介绍双极器件总剂量辐照响应现象、效应规律和产生机理；3.2 节介绍一种基于复合电流与沟道电流相结合的辐射感生产物的电荷分离方法（栅扫描法）；3.3 节介绍双极器件低剂量率辐射损伤增强效应；3.4 节介绍低剂量率辐射损伤增强效应的数值模拟方法。

3.1　电离辐射总剂量效应表征及机理

3.1.1　电离辐射总剂量效应表征

1. 总剂量辐照敏感参数及现象

图 3.1 为 NPN 晶体管 3DG111 在辐照剂量率为 0.1rad(Si)/s 时，集电极电流 I_C 和基极电流 I_B 随总剂量的变化。在整个辐照过程中，集电极电流无明显变化。因为集电极电流主要取决于基极中性区的扩散电流，电离辐射总剂量效应只会导致表面复合电流的增大，不会明显影响基极中性区的载流子浓度及寿命，所以集电极电流不会发生明显变化。

晶体管的基极电流主要由中性区的扩散电流及耗尽层的复合电流组成。电离辐射总剂量效应会在 Si/SiO$_2$ 界面形成耗尽，使耗尽层扩展、耗尽层复合电流增大。当发射结偏压（V_{BE}）较小时，基极电流以复合电流为主，因此在 V_{BE} 较小时，器件的效应更为显著；而在 V_{BE} 较大时，基极电流以扩散电流为主，效应也相应较小。辐照后 I_B 值与辐照前初始 I_B 值的差值为过量基极电流，是晶体管电离辐射总剂量效应数据分析的主要参数。

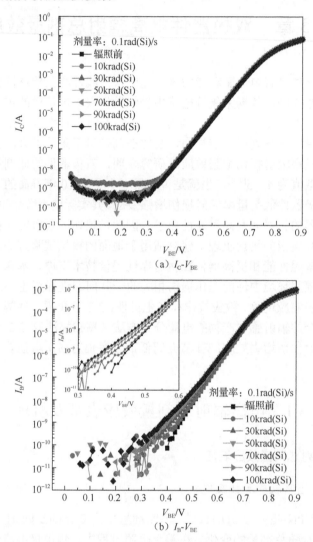

图 3.1   3DG111 晶体管在不同辐照总剂量下的集电极电流和基极电流曲线

晶体管的放大倍数 $\beta = I_C/I_B$ 会随 I_B 的增加而不断缩小。因此在晶体管的电离辐射总剂量效应研究及考核中，通常将基极电流或过量基极电流，以及放大倍数作为辐照敏感参数。

2. 辐照偏置对效应的影响

图 3.2 为不同辐照偏置时，典型双极晶体管的归一化放大倍数随总剂量的变

化。双极晶体管在不同辐照偏置下的效应规律并不相同。辐照偏置对效应影响程度的强弱排序依次为发射结反偏、两结均反偏、零偏、正偏。

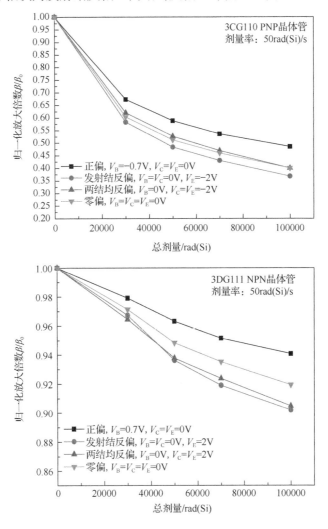

图 3.2　在不同辐照偏置下典型双极晶体管的归一化放大倍数随总剂量的变化

在热平衡情况下，PN 结中存在一个从 N 到 P 的内建电场，这一电场在器件的氧化层内形成边缘电场，方向也是从 N 到 P（图 3.3）。在 NPN 晶体管中，电离辐照会导致氧化层内产生自由空穴，在边缘电场的作用下，空穴向基区上方的界面输运，电子向发射极上方的界面输运，这就使得基极界面上方会形成更多的氧化物陷阱电荷及界面态陷阱。当发射结加正向偏压时，边缘电场减弱，自由空穴输运到 Si/SiO$_2$ 界面各处的概率趋于相等，减小了氧化物陷阱电荷及界面态陷阱在基区上方氧化层中的浓度。在发射结加反向偏压下，内建电场强度增强，边缘电场的强度也随之增强，更多的空穴集中到了基区上方 Si/SiO₂ 界面，产生更多的氧化物陷阱电荷及界面态陷阱，使基极中性区表面更趋于耗尽，最终导致基极电流增大、放大倍数减小。

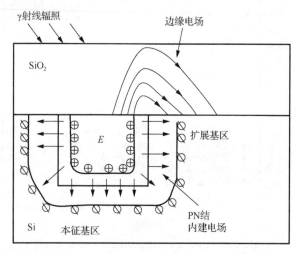

图 3.3　NPN 晶体管剖面图和边缘电场[5]

3.1.2　电离辐射总剂量效应机理

1. NPN 晶体管的总剂量辐照损伤机理

一般 NPN 晶体管发射极掺杂浓度为 10^{19} cm^{-3}，基极掺杂浓度约为 10^{17} cm^{-3}，集电区掺杂浓度取决于器件的击穿电压。因为基极掺杂浓度远低于发射极掺杂浓度，NPN 晶体管的浅掺杂 P 型基区表面更容易在正的辐射感生氧化陷阱作用下形成耗尽层的扩展（图 3.4），从而增强界面陷阱对表面复合速率的作用。因此，辐照所致 NPN 晶体管基区电流变化可以分为两个部分，分别为发射结耗尽层表面复合电流 ΔI_{B1} 和基区表面复合电流 ΔI_{B2}。

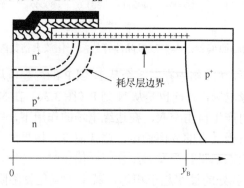

图 3.4　电离辐射总剂量效应在 NPN 晶体管中所造成的耗尽层扩展

1）发射结耗尽层表面复合电流

在发射结耗尽层中，表面复合率随横向位置 y 的变化关系如下[6]：

$$R_{ss} = \frac{n_i C_s N_{it} \left[\exp(U_{PN}) - 1 \right]}{1 + \frac{1}{2} \exp(U_{PN}) \cosh\left(\phi_s - U_P + \frac{U_{PN}}{2} \right)} \tag{3.1}$$

在 NPN 晶体管中，若发射结偏压为 V_{BE}，则 $\frac{qV_{BE}}{kT} = U_{PN} \approx U_P$，假设 $U_{PN} > 4$，并令

$$v_{surf} = C_s N_{it} = v_{th} \sigma_s N_{it} \tag{3.2}$$

式中，v_{th} 为热速度；σ_s 为表面复合截面，则式（3.1）可表示为[7]

$$R_{ss} = \frac{n_i v_{surf} \exp\left(\dfrac{qV_{BE}}{2kT} \right)}{2 \cosh\left[\dfrac{q}{kT} \left(\phi_s - \dfrac{V_{BE}}{2} \right) \right]} \tag{3.3}$$

式中，ϕ_s 是表面势，在图 3.4 中为 y 的函数。式（3.3）中，ϕ_s 与氧化层上的外加电场及氧化层中氧化物陷阱电荷浓度有关。在双极器件中，氧化层外加电场为零，则 ϕ_s 与氧化物陷阱电荷浓度 N_{ox} 有关。可以看出，氧化物陷阱电荷与界面陷阱并不是线性叠加的关系，而是一种非线性的、相互影响的关系，这大大增加了电荷分离的难度。当式（3.3）中的 $\phi_s(y) = V_{BE}/2$ 时具有极大值，此时最大复合率为

$$R_{ss\text{-}peak} = \frac{1}{2} n_i v_{surf} \exp\left(\frac{qV_{BE}}{2kT} \right) \tag{3.4}$$

可以看出，峰值复合率的理想因子为 2，且与界面陷阱密度成正比。因此，若能得到不同总剂量下的峰值复合率，则可得到界面陷阱随总剂量的变化规律。但在实际中，只能测到过量基极电流，很难获取某一点的最大复合率。

图 3.5 是依据式（3.3）所仿真的表面势及表面复合率随横向位置 y 及 N_{ox} 的变化曲线。其中，发射结位于 $y = 1.16\mu m$ 处，$V_{BE} = 0.5V$。可以看出，表面势在 EB 结的发射区一侧基本不变，在本征基区一侧是 N_{ox} 的单调递增函数。最大复合率在 EB 结的耗尽层附近，但在 $N_{ox} = 1.5 \times 10^{12} cm^{-2}$ 时，氧化物陷阱电荷使基区表面反型，没有出现最大复合峰值。

在总剂量较小情况下，在 EB 结耗尽层 $\phi_s(y)$ 有可能与 $V_{BE}/2$ 相近，存在式（3.4）所示的极大值，且此极大值取决于 V_{BE}。此时过量基极电流的理想因子为 2，最大复合率主要出现在器件的耗尽层，在发射结耗尽层表面辐射所致的复合电流为

$$\Delta I_{B1} = \int R_{ss} ds \approx R_{ss\text{-}peak} \cdot P_E \cdot \Delta L \tag{3.5}$$

即

$$\Delta I_{B1} = q \cdot n_i \cdot v_{surf} \cdot P_E \cdot \Delta L \cdot \exp\left(\frac{qV_{BE}}{2kT}\right) \tag{3.6}$$

式中，P_E 为发射结的周长；ΔL 为发射结耗尽层宽度。可以看出 $\Delta I_{B1} \propto P_E$。

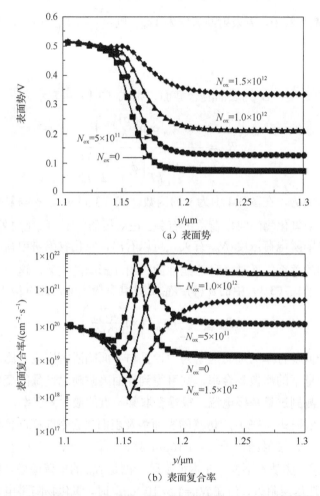

（a）表面势

（b）表面复合率

图 3.5　表面势和表面复合率随横向位置及 N_{ox} 的变化曲线[7]

2）基区表面复合电流

在基极的中性区表面复合率变化平缓，此时 P 型基区表面的表面势为

$$\phi_s = \phi_{N_{ox}} + V_{BE} - \phi_{fp} \tag{3.7}$$

式中，ϕ_{fp} 为中性基区的费米势，$\phi_{\text{fp}} = q\ln(N_S/n_i)/(kT)$，$N_S$ 为基区表面平稳时的电子浓度；$\phi_{N_{\text{ox}}}$ 为氧化物陷阱电荷所致的表面势。

$$\phi_{N_{\text{ox}}} = \frac{qN_{\text{ox}}^2}{2\varepsilon_0\varepsilon_{\text{Si}}} \tag{3.8}$$

式中，ε_0、ε_{Si} 分别为真空介电常数和 Si 中的相对介电常数。在总剂量较小，且 $\phi_s(y) < V_{\text{BE}}/2$ 时，基区表面复合率为

$$R_{\text{S,IB}} = \frac{n_i^2}{N_S} v_{\text{surf}} \exp\left(\frac{qV_{\text{BE}}}{kT}\right) \exp\left(\frac{N_{\text{ox}}}{\sqrt{2}L_D N_S}\right)^2 \tag{3.9}$$

因此，基区表面的复合电流可表示为

$$\Delta I_{\text{B2}} = q \cdot n_i \cdot v_{\text{surf}} \cdot S_E \cdot \exp\left(\frac{N_{\text{ox}}}{\sqrt{2}L_D N_S}\right)^2 \cdot \exp\left(\frac{qV_{\text{BE}}}{2kT}\right) \tag{3.10}$$

可以看出，在中性基区过量基极电流的理想因子为 1，该部分的过量基极电流与中性基区的面积成正比。

3）总的复合电流

NPN 晶体管总的复合电流可以表示为

$$\Delta I_B = \Delta I_{\text{B1}} + \Delta I_{\text{B2}} \tag{3.11}$$

对于垂直结构的 NPN 晶体管，其发射极被基极所包围。按照如图 3.6 所示的 EB 结横向剖面积分可得[8]

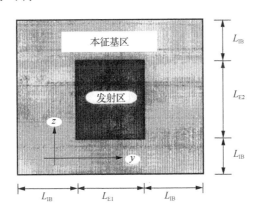

图 3.6　EB 结横向剖面[8]

$$\Delta I_{\mathrm{B}} = q n_i v_{\mathrm{surf}} (L_{\mathrm{E1}} + L_{\mathrm{E2}}) \exp\left(\frac{\beta V_{\mathrm{BE}}}{2}\right)$$

$$\cdot \left[\Delta L + \frac{2n_i L_{\mathrm{B}}}{N_{\mathrm{S}}} \left(1 + \frac{2L_{\mathrm{IB}}}{L_{\mathrm{E1}} + L_{\mathrm{E2}}}\right) \cdot \exp\left(\frac{N_{\mathrm{ox}}}{\sqrt{2}L_{\mathrm{D}} N_{\mathrm{S}}}\right)^2 \exp\left(\frac{\beta V_{\mathrm{BE}}}{2}\right) \right] \quad (3.12)$$

式中，EB 结耗尽层的复合电流与发射极的周长成正比，理想因子为 2；基区中性区表面复合电流与基区的面积成正比，理想因子为 1。因此，在两项共同影响下（图 3.7），总剂量较小时，过量基极电流的理想因子满足 $1 < n < 2$。另外，$\Delta I_{\mathrm{B1}} \propto v_{\mathrm{surf}}$，但 $\Delta I_{\mathrm{B1}} \propto \exp(N_{\mathrm{ox}}^2)$，因此对于 NPN 晶体管来说，辐照感生的氧化物陷阱电荷对基极电流的影响占主导。

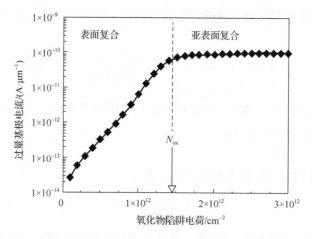

图 3.7   过量基极电流与氧化物陷阱电荷的关系[8]

在较高的总剂量情况下，辐照感生的氧化物陷阱电荷较多时，存在 $\phi_{\mathrm{s}}(y) \geqslant V_{\mathrm{BE}}/2$，式（3.3）不存在极大值。此时，氧化物陷阱电荷形成的表面势使基区中性区表面反型，载流子的最大复合率出现在表面以下的体硅内，此时三极管基极电流对辐照感生的界面陷阱的敏感性降低，趋于饱和。达到饱和时的过量基极电流可以表示为[8]

$$\Delta I_{\mathrm{B}} = \frac{q n_i}{2\tau} \cdot \Delta x \cdot 4 L_{\mathrm{IB}}^2 \left(1 + \frac{L_{\mathrm{E1}} + L_{\mathrm{E2}}}{2L_{\mathrm{IB}}}\right) \exp\left(\frac{\beta V_{\mathrm{BE}}}{2}\right) \quad (3.13)$$

式中，Δx 为有效复合宽度；τ 为体硅内的复合寿命。可以看出，在较高总剂量下，过量基极电流达到饱和，其理想因子为 2。

2. PNP 晶体管的总剂量辐射损伤机理

与 NPN 晶体管相同，PNP 晶体管电离辐射总剂量效应的敏感区域仍然为 EB 结耗尽层与 SiO$_2$ 界面。正的氧化物陷阱电荷使 P 区耗尽，N 区积累。PNP 晶体管发射区掺杂浓度很高（一般约为 10^{19} cm^{-3}），只有在正的氧化物陷阱电荷足够多时，才能使重掺杂的发射区表面耗尽；在 N 型基区一侧，辐照感生氧化物陷阱电荷使基区表面电子积累，导致发射结耗尽层的宽度在基区表面处缩小。因此，相对于 NPN 晶体管而言，在相同的工艺条件下，PNP 晶体管具有更高的抗总剂量能力。

目前主要有三种 PNP 晶体管（图 3.8），分别为垂直型 PNP（VPNP）、横向型 PNP（LPNP）以及衬底型 PNP（SPNP）。VPNP 晶体管是分立的双极晶体管中最常用的结构，而在集成电路中，LPNP 晶体管与 SPNP 晶体管使用更为广泛。LPNP 晶体管主要在运算放大器、比较器、电压调整器中作为线性负载或电流源。SPNP 晶体管可在较大的电流下工作，经常作为射极跟随器等。由于 LPNP 晶体管发射极与集电极之间的电荷流动与 Si/SiO$_2$ 界面平行，因此受辐照感生的复合中心的影响更为显著，其抗总剂量性能相对比较弱，是目前的研究重点。

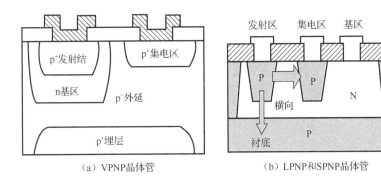

（a）VPNP晶体管　　　　　（b）LPNP和SPNP晶体管

图 3.8　VPNP、LPNP、SPNP 晶体管横截面

图 3.9 为辐照感生氧化物陷阱电荷使 LPNP 的 EB 结耗尽层变化情况。可以看出，在发射极一侧，正的氧化物陷阱电荷使耗尽层扩展，而在基区一侧，表面积累使耗尽层宽度缩小。设坐标 y 指向 Si 体内，x 沿 Si/SiO$_2$ 界面并指向基区一侧。设 $\rho(y)$ 为总的空间电荷密度，则：

$$\rho(y) = q\left(N_d^+ - N_a^- + p - n\right) \tag{3.14}$$

式中，N_d^+、N_a^- 分别为电离施主杂质和受主杂质的浓度；p、n 分别为坐标 y 处的空穴浓度与电子浓度。若设在半导体内部电势为零，V 为坐标 y 处的电势，电子和空穴的浓度分别为

$$n = n_0 \exp\left(\frac{qV}{kT}\right) \tag{3.15}$$

$$p = p_0 \exp\left(-\frac{qV}{kT}\right) \tag{3.16}$$

式中，p_0 为平衡时空穴浓度；n_0 为平衡时电子的浓度。

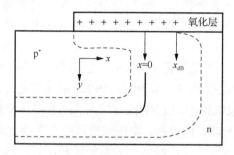

图 3.9   LPNP 截面图及其辐照所致的耗尽层变化[9]

在平衡情况下，半导体内部呈电中性，则 $N_d^+ = n_0$、$N_a^- = p_0$，因此：

$$\rho(y) = q(\Delta p - \Delta n) = q\left\{ p_0\left[\exp\left(-\frac{qV}{kT}\right) - 1\right] - n_0\left[\exp\left(\frac{qV}{kT}\right) - 1\right]\right\} \tag{3.17}$$

式中，Δn、Δp 为非平衡载流子浓度。当衬底为 N 型时，辐照感生正的氧化物陷阱电荷使表面电子积累，此时空间电荷区少子空穴的浓度很小，可忽略。又假设 $n \gg n_0$，则式（3.17）简化为

$$\rho(y) = -qn_0 \exp\left(\frac{qV}{kT}\right) \tag{3.18}$$

空间电荷层的电势满足泊松方程：

$$\frac{\mathrm{d}^2 V}{\mathrm{d}y^2} = -\frac{p(y)}{\varepsilon_{\mathrm{Si}}} = \frac{qn_0}{\varepsilon_{\mathrm{Si}}} \exp\left[\frac{qV(y)}{kT}\right] \tag{3.19}$$

由于电场强度 $E = -\dfrac{\mathrm{d}V}{\mathrm{d}y}$，因此 $\dfrac{\mathrm{d}^2 V}{\mathrm{d}y^2} = \dfrac{\mathrm{d}|E|}{\mathrm{d}y} = \dfrac{\mathrm{d}|E|}{\mathrm{d}V} \cdot \dfrac{\mathrm{d}V}{\mathrm{d}y} = |E|\dfrac{\mathrm{d}|E|}{\mathrm{d}V}$，代入式（3.19）并对等式两侧积分，可得

$$\int_0^E |E|\,\mathrm{d}|E| = \frac{qn_0}{\varepsilon_{\mathrm{Si}}} \int_0^V \exp\left[\frac{qV(y)}{kT}\right]\mathrm{d}V \tag{3.20}$$

积分后：

$$|E|^2 = \left[\frac{kT}{q}n_0\exp\left(\frac{qV}{kT}\right)\right]_0^V = \frac{kT}{\varepsilon_{Si}}n_0\left[\exp\left(\frac{qV}{kT}\right)-1\right] = \frac{kT}{\varepsilon_{Si}}\Delta n \quad (3.21)$$

由于 $n \gg n_0$，故 $n \approx \Delta n$。有

$$|E|^2 \approx \frac{kT}{\varepsilon_{Si}}n_0\exp\left(\frac{qV}{kT}\right) \quad (3.22)$$

若表面电势为 V_s（$V_s > 0$），表面处的场强为 E_s，则

$$E_s \approx \sqrt{\frac{kT}{\varepsilon_{Si}}n_0\exp\left(\frac{qV}{kT}\right)} = \sqrt{\frac{kTn_0}{\varepsilon_{Si}}}\exp\left(\frac{qV_s}{2kT}\right) \quad (3.23)$$

根据高斯定理，表面的电荷面密度 Q_s 与表面处的电场强度有以下关系：

$$Q_s = -\varepsilon_{Si}E_s \quad (3.24)$$

设辐照感生的氧化物陷阱电荷面密度为 N_{ox}，则在表面处 $Q_s = -qN_{ox}$，故：

$$qN_{ox} = \sqrt{kTn_0\varepsilon_{Si}}\exp\left(\frac{qV_s}{2kT}\right) \quad (3.25)$$

表面处的电势为

$$V_s = \frac{2kT}{q}\ln\frac{qN_{ox}}{\sqrt{kTn_0\varepsilon_{Si}}} \quad (3.26)$$

式（3.26）表明，辐照感生的氧化物陷阱电荷使基区表面电势比辐照前提高了 V_s。

对于 LPNP 晶体管，假设基区中性区电势为零，则平衡情况下不考虑氧化物陷阱电荷时，发射极导带底相对于基极导带底的电势为 $-qV_{bi}$，当发射结正偏电压为 V_{EB} 时，该电势为 $-q(V_{bi}-V_{EB})$。在基区表面有辐照感生的氧化物陷阱电荷时，表面电势 V_s 为正，表面处能带相对基区内部向下弯曲，此时基区表面处发射结的势垒高度为 $-q(V_{bi}-(V_{EB}-V_s))$。因此在辐照后，表面处施加在 EB 结上的外加电压 V_{eff} 为

$$V_{eff} = V_{EB} - V_s = V_{EB} - \frac{2kT}{q}\ln\frac{qN_{ox}}{\sqrt{kTn_0\varepsilon_{Si}}} \quad (3.27)$$

表面电势的提高导致中性基区表面多子空穴的积累，EB 结耗尽层缩小。辐照感生的过量基极电流主要为在空间电荷区的 Si/SiO₂ 界面处产生的表面复合电流，可表示为

$$I_{\text{B-rec}} = qP_{\text{E}} \int_0^{x_{\text{dB}}} R_{\text{ss}}(x)\mathrm{d}x \approx qP_{\text{E}} x_{\text{dB}} R_{\text{SS-peak}} \tag{3.28}$$

式中，P_{E} 为发射结的周长；x_{dB} 为表面耗尽层宽度，$x_{\text{dB}} \approx \sqrt{V_{\text{eff}} \dfrac{2\varepsilon_{\text{Si}}}{q} \dfrac{1}{N_{\text{d}}}}$，可得

$$I_{\text{B-rec}} = \frac{1}{2} q x_{\text{dB}} P_{\text{E}} N_{\text{it}} C_{\text{s}} n_{\text{i}} \exp\left(\frac{qV_{\text{eff}}}{2kT}\right) \tag{3.29}$$

3.2　电离辐射感生产物分离方法

电离辐射感生产物分离方法是采用一定的技术手段，通过测量电子器件的宏观电参数，间接提取辐照感生氧化物陷阱电荷与界面陷阱的平均浓度、能级分布或空间分布等特征的方法，它是研究与分析电子器件总剂量辐照效应机理的最基本手段。

目前，航天器中使用的电子器件主要有 MOS 器件和双极器件两大类。MOS 器件中，由于两种辐射感生产物对器件阈值电压的影响相互独立且线性叠加，因此其平均浓度分离方法相对简单，且已经很成熟。但在双极器件中，界面陷阱导致器件参数直接退化，氧化物陷阱电荷通过调节表面势，从而间接调制界面陷阱的作用，两者对器件电参数的影响是非线性的，使得双极器件中辐射感生产物的分离更加困难。目前，国内外针对双极晶体管的辐照感生产物分离技术主要有两种，一种是利用分立晶体管的过量基极电流曲线进行分离，另一种是研制专门的栅控晶体管进行产物分离，后者又可以使用亚阈分离法、栅扫描法、电荷泵法等。

3.2.1　基于晶体管过量基极电流曲线的分离方法

根据 NPN 晶体管的电离辐射总剂量效应失效机理，在基极中性区表面，当氧化物陷阱电荷较少时，在基极中性区表面形成耗尽层复合电流的理想因子为 1，器件总复合电流的理想因子在 1～2。当表面势继续增大时，表面趋于耗尽，此时整个器件复合电流分量的理想因子为 2。可见，在表面势由小变大的过程中，过量基极电流曲线存在一个拐点 V_{tr}，在该点的基区表面复合率最大，此时基区表面势 $\phi_{\text{S,IB}} = V_{\text{BE}}/2$，令此时的 $V_{\text{BE}} = V_{\text{tr}}$。依据式（3.7）和式（3.8）可以得出氧化物陷阱电荷的浓度为

$$N_{\text{ox}} = \sqrt{\frac{2\varepsilon_{\text{Si}} N_{\text{s}}}{q}\left(\frac{kT}{q}\ln\frac{N_{\text{s}}}{n_{\text{i}}} - \frac{V_{\text{tr}}}{2}\right)} \tag{3.30}$$

因此，在固定总剂量时，通过测量 V_{BE} 和过量基极电流的关系曲线，得到曲

线斜率的拐点 V_{tr}，就可以通过式（3.30）求得氧化物陷阱电荷的浓度（图 3.10）。该方法只适合于总剂量较小的情况，在总剂量足够大后，整个过量基极电流曲线的理想因子均为 2，不存在拐点。

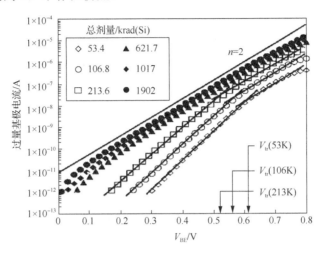

图 3.10　过量基极电流随 V_{BE} 的变化曲线[7]

由于界面陷阱密度与表面复合率成正比，在 V_{BE} 较小情况下，可用对过量基极电流曲线进行指数拟合后求截距的方法得到界面陷阱密度。随着界面陷阱密度的增加，截距值会相应增大。由于双极电路中辐照感生的氧化物陷阱电荷与界面陷阱的非线性耦合，前面基于过量基极电流曲线的辐射感生产物分离技术的实用性有限，在 20 世纪 90 年代中期有文献提出后，并没有得到广泛的应用。这主要是由于大多数的试验数据无法准确确定过量基极电流曲线的拐点，因此难以广泛适用。此外，该方法只适用于 NPN 晶体管，对 LPNP 及 SPNP 晶体管难以适用，但 LPNP 及 SPNP 晶体管是目前 ELDRS 效应的主要关注对象，需要建立新的产物分离方法。

3.2.2　亚阈分离方法

亚阈分离方法又称为半带电压法，它适用于 MOSFET 器件，其基本原理（图 3.11）是当 Si/SiO$_2$ 表面电子与空穴的浓度相等时，即表面势与费米势相等时，界面处感生的施主型界面陷阱或受主型界面陷阱均为电中性，此时辐照前、后的半带电压漂移只与辐照感生的氧化物陷阱电荷有关，且 $\Delta V_{mg} = \Delta V_{ox}$，即

$$N_{ox} = \frac{\left| \Delta V_{mg} \right| \cdot C_{ox}}{q} \tag{3.31}$$

式中，C_{ox} 为氧化层单位面积的栅电容。

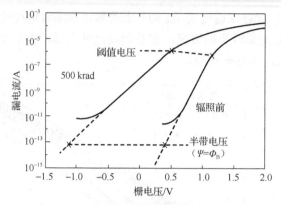

图 3.11　亚阈分离方法的基本原理[10]

在器件表面由平带向反型转变过程中，对于 NMOSFET 器件，处于禁带上方的受主型界面陷阱不断从沟道中得到电子而呈负电性，使阈值电压向正向漂移。对于 PMOSFET 器件，处于禁带下方的施主型界面陷阱不断从沟道得到空穴而呈正电性，使阈值电压负向漂移。与此同时，带正电的氧化物陷阱电荷也影响 MOSFET 器件的阈值电压。因此，辐照前、后的阈值电压变化量可表示为

$$\Delta V_{th} = \Delta V_{ox} + \Delta V_{it} \tag{3.32}$$

辐照感生的界面陷阱为

$$N_{it} = \left(\Delta V_{th} - \Delta V_{mg}\right) \cdot \frac{C_{ox}}{q} \tag{3.33}$$

值得注意的是，对于 PMOSFET 器件，在 Si/SiO_2 表面反型时，只有禁带下方的施主型界面陷阱带电。因此，亚阈分离方法只能获取 PMOSFET 器件中辐照感生的施主型界面陷阱浓度和 NMOSFET 器件中辐照感生的受主型界面陷阱浓度，不能得到整个禁带范围内界面陷阱的平均浓度。当辐照感生的界面陷阱主要为受主型界面陷阱时，利用 PMOSFET 器件就难以准确获取辐照感生的界面陷阱浓度，从而得到不准确的分离结果。

3.2.3　基于栅控晶体管的栅扫描方法

在 2005 年后，国外研究者为了研究 ELDRS 效应的机理，特别是界面陷阱在其中的作用，开展了大量的产物分离技术研究，提出研制专门的栅控晶体管进行产物分离，目前国外 90%ELDRS 效应的机理研究是通过栅控晶体管来实现产物分离的[11-13]。

栅控晶体管实际上是在对电离辐射总剂量效应敏感的基区氧化层上方加一个控制栅，可以分为栅控 VNPN、栅控 LPNP 及栅控 SPNP 等。利用栅扫描方法分离辐照感生产物的基本原理如图 3.12 所示。在辐照前后测量时，使晶体管处于正常工作状态（发射结正偏，集电结反偏），随后在栅电极上加扫描电压，使基区靠

近 SiO_2 表面从平带逐渐过渡到耗尽，再到反型，在这个过程中测量基极电流。当基区表面平带或反型时，表面处载流子浓度相差很大，根据肖克莱-里德-霍尔（Shockley-Read-Hall，SRH）复合理论，界面陷阱作为复合中心的作用很小。在基区表面耗尽时，表面空穴与电子的浓度相等，界面陷阱复合中心的作用最为明显，此时基极电流有最大值，且辐照前后基极电流最大值的变化量与辐照感生界面陷阱的平均浓度成正比。辐照感生正氧化物陷阱电荷改变了氧化层电场，使基区表面耗尽所需的栅压值发生改变，因此基极电流最大值位置的变化量与氧化物陷阱电荷的平均浓度成正比。

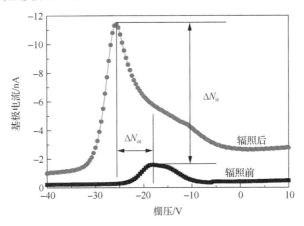

图 3.12　栅扫描方法分离辐照感生产物的基本原理

对于栅控横向型 PNP 晶体管，当栅压使基区表面反型时存在最大复合电流，则辐照感生的界面陷阱平均浓度如式（3.34）所示：

$$\Delta N_{it} = \frac{2\Delta I_{B\text{-peak}}}{q\sigma v_{th}S_{peak}n_i \exp\dfrac{qV_{EB}}{2kT}} \tag{3.34}$$

式中，$\Delta I_{B\text{-peak}}$ 为辐照前后基极电流最大值的变化量；V_{EB} 为发射结偏压；n_i 为 Si 半导体本征载流子浓度，室温下 $n_i = 1.5 \times 10^{-10} cm^{-3}$；$\sigma$ 为表面载流子复合截面，一般为 $10^{-13} \sim 10^{-17} cm^{-2}$；$v_{th}$ 为热速度，室温下 $v_{th} = 10^7 cm/s$；q 为电子的电荷量；T 为热力学温度；k 为玻尔兹曼常量；S_{peak} 为表面复合率最大值所对应的面积，一般认为与基极的面积相同。辐照感生的氧化物陷阱电荷平均浓度如式（3.35）所示：

$$\Delta N_{ox} = \frac{C_{ox}\Delta V_{peak}}{q} \tag{3.35}$$

式中，C_{ox} 为氧化层单位面积上的栅电容（C/cm^2）；ΔV_{peak} 为辐照前后基极电流最大值所对应栅极电压的变化量。国内在双极器件的电离辐射总剂量效应研究中，已经使用了栅扫描法[14-16]，但利用该方法开展工作时发现存在如下问题。

（1）辐照前，由于器件本身固有的界面陷阱较少，使基极电流 I_B 峰值位置的提取不确定度增大，如图 3.13 所示，影响辐射感生产物浓度提取结果的准确性。

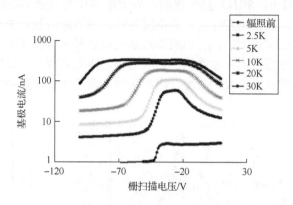

图 3.13　初始峰值位置及辐照后栅扫描曲线[17]

（2）在一些器件中，栅扫描法所测 I_B-V_{GS} 曲线的波峰平坦化，使得基极电流的峰值位置难以确定。对于这一问题，国内外已有文献报道[17,18]。为了解决这一问题，国内外的研究人员均推荐了亚阈分离法（又称为半带电压法）与栅扫描法相结合的方法。其思路为将栅控晶体管的集电极当作 MOS 晶体管的漏，发射极当作源，基区为衬底，栅电极为栅。通过测量 MOS 晶体管的亚阈特性曲线，求取半带电压 $V_{mg,sub}$，认为 $V_{mg,sub}$ 与栅扫描法中导致基区表面耗尽的电压值 $V_{mg,GS}$ 是相等的，因此 I_B-V_{GS} 曲线中 $V_{mg,sub}$ 所对应的 I_B 值，即为式（3.34）中的 I_{B-peak}。但在实际中，发现这一方法存在问题，图 3.14 为一种 GLPNP 实测的辐照前后栅扫

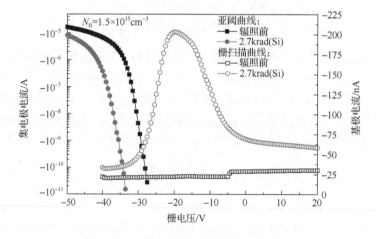

图 3.14　辐照前后栅扫描曲线与亚阈曲线

描曲线与亚阈曲线，可以看出，亚阈曲线的半带电压并没有处于栅扫描曲线波峰范围之内，因此栅扫描法与亚阈分离法相结合方法的适用性存在一定的局限。

（3）式（3.34）中表面载流子复合截面 σ 的取值无依据，不同文献的取值差好几个量级（$10^{-13} \sim 5 \times 10^{-17}\,\mathrm{cm}^{-2}$），导致最终计算所得的 ΔN_{it} 值相差几个量级。

（4）现有文献中，对栅扫描法中发射结偏压、集电结偏压的选取没有明确的依据，但在实际测量时，特别是发射结偏压的选取，过大会导致栅扫描曲线的波形展宽，波峰平坦化（图 3.15）；过小则使复合电流太小，I_B 测量的不确定度增大，从而影响辐射感生产物平均浓度提取的准确性。

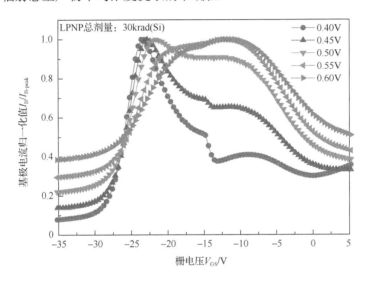

图 3.15　发射结偏压对栅扫描曲线的影响

3.2.4　复合电流与沟道电流相结合的栅扫描方法

传统栅扫描法主要根据基极表面的复合电流随栅电压的变化曲线提取辐照感生的氧化物陷阱电荷和界面陷阱，但在该曲线存在波形展宽时，其峰值位置不易确定，难以准确分离辐照感生的氧化物陷阱电荷。为解决这一问题，建立了一种复合电流与沟道电流相结合的栅扫描法，且在该方法中明确了栅扫描法中发射结偏压、集电结偏压的选取依据，给出了表面载流子复合截面的校准方法。

1.　波形展宽情况下峰值位置的确定方法

针对栅扫描曲线存在波形展宽时，峰值位置难以确定的问题，提出在栅扫描法中测量复合电流 I_B-V_{GS} 曲线时，同时测量沟道电流 I_C-V_{GS} 曲线，并将 $\lg(I_C)$-V_{GS} 曲线的拐点 $V_{mg,C}$ 作为基区表面的耗尽电压。若栅压为 $V_{mg,C}$ 时的基极电流为 $I_{B\text{-}mg,C}$，则辐射感生产物的平均浓度可表示为

$$\Delta N_{it} = \frac{2\Delta I_{B\text{-mg,C}}}{q\sigma v_{th} S_{peak} n_i \exp\dfrac{qV_{EB}}{2kT}} \tag{3.36}$$

$$\Delta N_{ot} = \frac{C_{ox}\Delta V_{mg,C}}{q} \tag{3.37}$$

具体原理如下：在栅扫描方法中，使发射结正偏、集电结反偏或零偏，在栅电压扫描过程中，同时测量基极电流 I_B 和集电极电流 I_C（测量所得曲线见图 3.16）。在栅电压 $|V_{GS}| < |V_{mg,GS}|$ 时，基极表面处于平带或部分耗尽的状态，此时从发射极注入基区的少子空穴小部分被界面陷阱或本征基区的体陷阱所复合，大部分则流入集电极形成 I_C，由于 $I_C \gg I_B$，此时 I_C 基本不变。当栅电压继续增大时，基极表面从耗尽向反型转变，集电极与发射极之间在基区表面处有了一个如 MOS 器件的导电沟道，使得 I_C 快速增加，因此 I_C 曲线存在一个拐点 $V_{mg,C}$，且 $V_{mg,C} \approx V_{mg,GS}$。为了证明这一点，针对 $I_B\text{-}V_{GS}$ 曲线在辐照前后具有明显峰值的器件，利用原栅扫描法及改进后的方法提取 V_{mg}，数据见表 3.1，两者间的偏差<5%，表明该方法是准确、可行的。

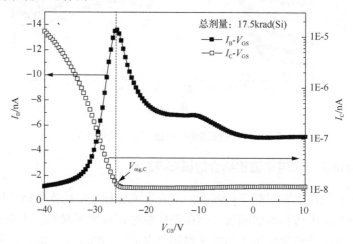

图 3.16　栅扫描测试中同时获取的 $I_B\text{-}V_{GS}$ 和 $I_C\text{-}V_{GS}$ 曲线

表 3.1　具有明显峰值的 $I_B\text{-}V_{GS}$ 和 $I_C\text{-}V_{GS}$ 曲线中提取的 $V_{mg,GS}$ 和 $V_{mg,C}$ 的比较

V_{mg} /V	辐照总剂量/rad(Si)					
	0k	1.6k	4.7k	8.9k	12.8k	17.4k
$V_{mg,GS}$	14.03	14.51	16.12	17.87	19.08	20.21
$V_{mg,C}$	14.53	15.13	16.89	18.33	19.43	20.68
偏差	3.56%	4.27%	4.78%	2.57%	1.83%	2.33%

基于以上分析，鉴别传统栅扫描方法是否可行可用如下方法：利用栅扫描法同时测量 $I_B\text{-}V_{GS}$ 和 $I_C\text{-}V_{GS}$，并获取 $V_{mg,GS}$ 及 $V_{mg,C}$，如果两者间的偏差<±5%，表明 $I_B\text{-}V_{GS}$ 曲线峰值明显，可用传统方法；若 $V_{mg,GS}$ 与 $V_{mg,C}$ 的偏差>±5%，则可提取辐射感生产物的平均浓度。

2. 栅扫描法中发射结、集电结偏压选取依据

针对现有栅扫描法中发射结偏压、集电结偏压的选取没有明确依据的问题，建议发射结偏压 V_{PN} 的取值范围为

$$0.2\text{V} < V_{PN} < \frac{2kT}{q}\ln\left(\sqrt{m}\cdot\frac{N_B}{n_i}\right) \tag{3.38}$$

式中，N_B 为基区掺杂浓度；kT/q=0.0259；m 为发射极注入基区的少子浓度与基区掺杂浓度的比值，建议 m<0.01，具体原因如下。

（1）当 $V_{PN}\geqslant 0.0518\ln$（$\sqrt{m}\,N_B/n_i$）时，发射极注入基区的少子浓度与多子浓度的相差量小于两个量级，使基区表面更易于耗尽，导致 $I_B\text{-}V_{GS}$ 曲线的波形展宽、｜$V_{mg,GS}$｜变小及｜$V_{mg,GS}$｜的确定更加困难。另外，当 V_{PN} 变大时，基极电流 I_B 中的扩散电流渐渐占主导，会逐渐湮没辐射感生缺陷所产生的复合电流，导致分离结果的不确定度增加。因此定性地讲，应该在条件允许的情况下，V_{PN} 尽可能小。建议 m<0.01 是在总结不同基区掺杂的 GLPNP 的 $I_B\text{-}V_{GS}$ 曲线的基础上提出的。

（2）当 $V_{PN}\leqslant 0.2\text{V}$ 时，从发射极注入体区的载流子浓度小于 10^8cm^{-3}，远小于基区多子浓度（一般大于 10^{15}cm^{-3}），此时复合电流极小，对测量设备、测量环境要求苛刻，不易于实现。

建议在栅扫描方法中使集电结零偏或弱反偏，具体原因如下：辐照感生的氧化物陷阱电荷及界面陷阱主要影响双极三极管中基极电流中复合电流的大小。若集电结强反偏，则在发射结小偏压情况下，集电结反偏产生的电流不可忽略，而该电流与正偏复合电流呈相反方向，导致中和掉部分复合电流，使辐射感生产物分离的准确性变差。

3. 复合截面的校准方法

针对式（3.34）中表面载流子复合截面 σ 取值无依据的问题，提出利用亚阈分离方法或电荷泵方法进行校准的方法。利用亚阈分离方法校准复合截面的具体方法如下。

对器件进行辐照，并使器件电参数有明显的退化量。分别利用栅扫描法及亚阈分离或电荷泵方法提取器件辐照感生的界面陷阱平均浓度。在利用栅扫描法时，

在式（3.38）所示范围内选择发射结偏压，并尽可能小，以使 $V_{\mathrm{mg,GS}}$ 与 $V_{\mathrm{mg,sub}}$ 尽可能接近，以提高校准结果的准确性。设亚阈分离方法所获取的界面陷阱浓度为 $N_{\mathrm{it,sub}}$，栅扫描法所得的值为 $N_{\mathrm{it,GS}}$，分离所用表面载流子复合截面初始值为 σ_0，则合理的载流子复合截面 σ 取值应为

$$\sigma = \sigma_0 \cdot \frac{N_{\mathrm{it,GS}}}{(k+1)N_{\mathrm{it,sub}}} \tag{3.39}$$

式中，k 为常数，表示处于禁带上方的受主型界面陷阱浓度与禁带下方的施主型界面陷阱浓度的比值。对于 PNP 管，$k \approx 2$；对于 NPN 管，$k \approx 0.5$。这是因为采用亚阈分离方法时，当沟道从耗尽到反型时，对于 P 沟器件，只有处于禁带下方的施主型界面陷阱带正电，处于禁带上方的受主型界面陷阱不带电，所分离的结果也只是处于禁带下方的施主型界面陷阱。已有文献报道[17]，对于栅控器件，辐照感生的界面陷阱主要为受主型界面陷阱，且与施主型界面陷阱的浓度比约为 2∶1。

必须强调的是，用以上方法所得到的 σ 值只是参考值，不是真实绝对值。因为栅扫描方法中所获取的界面陷阱浓度，实际是等效到能级处于禁带中央的界面陷阱浓度。亚阈分离方法所获取的界面陷阱浓度为表面从耗尽到反型中表现为正电性（PNP 管）或负电性（NPN 管）的界面陷阱浓度，两者在物理意义上不同。因此，利用亚阈分离法对栅扫描法中复合截面 σ 的校准只能是一种粗略的校准，但可有效确定 σ 的取值范围，提高栅扫描方法分离结果的准确性。

利用电荷泵方法校准复合截面的具体方法如下。

$$\sigma = \sigma_0 \cdot \frac{N_{\mathrm{it,GS}}}{N_{\mathrm{it,CP}}} \tag{3.40}$$

式中，$N_{\mathrm{it,CP}}$ 为利用电荷泵方法所测的界面陷阱浓度。相比于亚阈分离方法，电荷泵方法可获取整个禁带宽度内的平均界面陷阱浓度，且所需器件的工艺参数少，具有更高的准确性。但由于双极器件氧化层厚，需要在栅上施加较大范围的脉冲电压，对测试设备的要求高。

4. 复合电流与沟道电流相结合的产物分离方法测试流程

复合电流与沟道电流相结合的方法分离辐射感生产物包括以下步骤。

（1）依据式（3.38），确定发射结与集电结的偏压，确定栅扫描电压范围及扫描步距。

（2）选择校准方法，开展电离辐射总剂量效应试验，测量试验对象的栅扫描曲线及亚阈特性曲线或电荷泵电流，根据式（3.39）或式（3.40）进行复合截面校准。为增加复合截面校准的准确性，应使器件的性能参数有明显退化。

（3）开展辐射试验，提取辐照感生的界面陷阱和氧化物陷阱电荷的平均浓度。

图 3.17（a）为一种 GLPNP 器件辐照过程及室温退火过程中所测的 I_B-V_{GS} 曲线，可以看出器件在辐照总剂量为 13.5krad(Si)时，I_B-V_{GS} 曲线出现波峰平坦化，无明显峰值。图 3.17（b）为该器件试验数据分别使用传统栅扫描方法和改进后的方法分离所得氧化物陷阱电荷的平均浓度曲线。可以看出，传统栅扫描方法所得的氧化物陷阱电荷浓度在 11.5krad(Si)后突然下降，在室温退火过程中出现先下降后增长的趋势，这一现象不符合氧化物陷阱的生长和退火规律。目前国内外的所有研究结果显示，辐照导致氧化物陷阱电荷浓度增大，而随后的室温退火则主要是氧化物陷阱电荷受衬底电子隧穿或热激发作用，氧化物陷阱电荷浓度随时间的

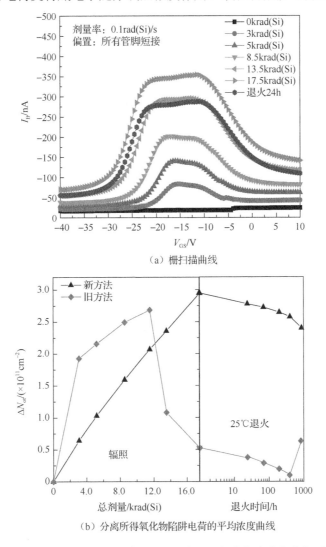

（a）栅扫描曲线

（b）分离所得氧化物陷阱电荷的平均浓度曲线

图 3.17　一种 GLPNP 器件的栅扫描曲线及其分离所得氧化物陷阱电荷的平均浓度曲线

延长逐渐减小。图 3.17（b）中利用新建的方法所提取的氧化物电荷浓度的变化规律和现有理论与认识完全相同，表明改进后的栅扫描法简单有效地解决了 I_B-V_{GS} 曲线波峰平坦化情况下的辐射感生产物分离问题。

3.3　低剂量率辐射损伤增强效应

3.3.1　典型双极器件的低剂量率辐射损伤增强效应

增强因子是表征低剂量率辐射损伤增强程度的一个基本参数。由于在不同剂量率下试验样品的不同，其初始参数也存在差异，为了使不同剂量率下试验样品的损伤有可比性，统一对器件的最敏感效应参数进行归一化，增强因子的计算方法如式（3.41）所示：

$$\text{Relative Damage} = \frac{D_{LDR}}{D_{HDR}} \qquad (3.41)$$

式中，D 为在某个剂量率下试验样品最敏感效应参数的损伤系数。

图 3.18 为典型双极晶体管和集成电路的增强因子随剂量率的变化曲线。LM111 的 ELDRS 最强且随剂量率的减小，其增强因子呈线性增大趋势，并没有出现饱和现象。在 0.01rad(Si)/s 时，其增强因子已经达到了 11.78，也就是说在空间极低剂量率情况下，若以原有的高剂量率+室温退火方法考核 LM111，器件抗总剂量水平至少高估 10 倍。LM101、LM158、LT1019 等器件的 ELDRS 在剂量率小于 0.1rad(Si)/s 后，增强因子已经呈饱和趋势。3DG111 在 0.01rad(Si)/s 时的增强因子只有 1.95。图 3.18（a）的试验结果与国外文献结果（图 3.18（b））具有一定

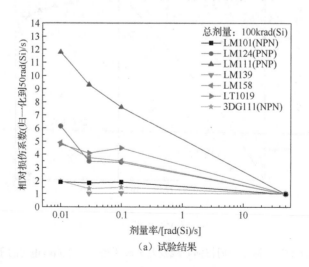

（a）试验结果

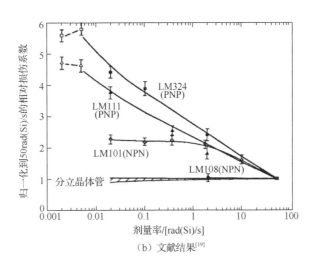

（b）文献结果[19]

图 3.18 典型双极器件增强因子随剂量率的变化

的相似性。特别是 LM101、LM111 及晶体管的增强因子变化趋势与国外文献中的数据是一致的，但就增强因子的具体数值存在很大的差异，导致这一结果的原因可能是器件批次的差异。

另外，衬底型 PNP 晶体管作为输入级双极电路的 ELDRS 效应更为显著，且随剂量率的降低，它们的增强因子无饱和现象，这一结果对低剂量率增强加速试验方法的研究极为重要。对于输入级为 NPN 的双极电路，在效应考核时，选择 0.1rad(Si)/s 乃至更高的剂量率进行辐照即可，可不用进行更低剂量率的效应试验。对输入级为 PNP 的双极电路，由于没有明显的低剂量率增强饱和现象，不可能使用大量的人力、物力开展 0.01rad(Si)/s 乃至更低剂量率的效应试验，因此研究它们的加速试验方法就成为这些双极集成电路抗总剂量性能评估的关键问题。

（1）双极分立晶体管的低剂量率增强因子比较小，为 1~2。

（2）双极集成电路的低剂量率增强因子远大于分立晶体管，LM111 的低剂量率增强因子达到了 12。因此，双极集成电路应是 ELDRS 效应机理研究的主要对象。

（3）输入级为 NPN 的双极集成电路（如 LM101）在剂量率小于 1rad(Si)/s 时，其增强因子不再随剂量率的减小而持续增大，表现为增强因子饱和现象。国外相关研究也表明这种主要由 VNPN 构成的双极集成电路在剂量率小于 10rad(Si)/s 时就会出现增强因子饱和现象。说明此类器件的空间抗总剂量性能模拟试验可以用较高的辐照剂量率（器件增强因子出现饱和时的剂量率），相对于开展极低剂量率的 ELDRS 效应试验来说，这类器件的电离辐射总剂量效应试验时间还可以接受。

输入级为 SPNP 或 LPNP 的双极集成电路（LM124、LM111）的增强因子随剂量率的缩小而不断增大，在 0.01rad(Si)/s 时，其增强因子仍然没有饱和。在空间某些轨道上其剂量率小于 0.01rad(Si)/s，因此如何在地面评估 SPNP 或 LPNP 占主导的双极集成电路在空间的辐照损伤已成为 ELDRS 效应研究的关注重点。

3.3.2　栅控晶体管的低剂量率辐射损伤增强效应

1.　栅控晶体管的剂量率效应

图 3.19 为不同剂量率时典型 GVNPN 晶体管 TN3 与 GLPNP 晶体管 TP3 归一化放大倍数随总剂量变化曲线。器件具有明显的 ELDRS 效应，且在辐照剂量率为 0.01rad(Si)/s 时，增强因子没有达到饱和。图 3.19（b）中在高剂量率辐照初始阶段出现归一化放大倍数增长现象，这与辐照所致氧化物陷阱和界面陷阱形成所需的时间有关。在高剂量率辐照的起始阶段，空穴输运到界面，在 Si/SiO$_2$ 界面附近形成了较多的氧化物陷阱电荷，但此时由于 H$^+$ 的迁移率远低于空穴（5～6 个数量级），输运到 Si/SiO$_2$ 界面的 H$^+$ 十分有限，难以形成大量的界面陷阱，这就使得在辐照开始时，氧化物陷阱电荷占主导。在低剂量率时，达到相同总剂量的辐照时间更长，使得输运到 Si/SiO$_2$ 界面的 H$^+$ 浓度高于高剂量率下的 H$^+$ 浓度。在 PNP 晶体管中，氧化物陷阱的增加抑制表面复合，在试验现象上表现为在高剂量率辐照初始阶段归一化放大倍数增大。但这一现象并非在所有 PNP 晶体管中存在，当器件辐照前固有界面陷阱很小或基区掺杂浓度较高时，均不会出现如图 3.19（b）所示的试验现象。

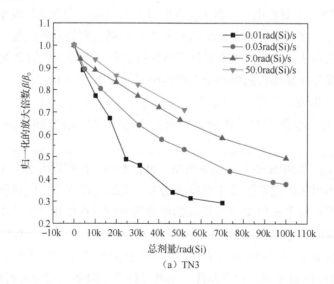

（a）TN3

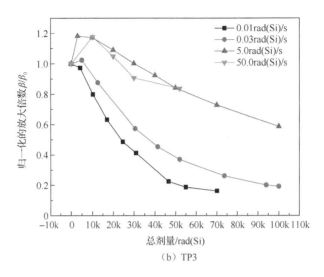

（b）TP3

图 3.19　不同剂量率时典型 GVNPN 与 GLPNP 晶体管
归一化放大倍数随总剂量变化曲线

图 3.20 与图 3.21 分别为 GVNPN 晶体管 TN3、GLPNP 晶体管 TP3 利用栅扫描法分离所得的辐射感生产物在不同剂量率时随总剂量的变化曲线。图 3.20（a）与图 3.21（a）显示，无论是 NPN 晶体管还是 PNP 晶体管，辐照感生的氧化物陷阱电荷与总剂量成负指数关系，且在剂量率为 5rad(Si)/s 时最大，这主要是由氧化物陷阱电荷的生长与退火竞争所致。辐照相同的总剂量时，在较高剂量率下，氧化物陷阱电荷存在一定的 ELDRS 效应，但由于辐照时间短，氧化物陷阱电荷难以退火，主要表现为氧化物陷阱电荷的生长。在低剂量率长时间辐照时，氧化物陷阱电荷在生长的同时不断退火，当退火占主导时，就会出现剂量率越低，辐照感生的氧化物陷阱电荷浓度越小的现象。当单位时间的生长率与退火率的差值为零时，辐照感生氧化物陷阱电荷有最大值。

图 3.20（b）与图 3.21（b）显示，在 TN3 及 TP3 中，辐照感生的界面陷阱与总剂量近似呈线性关系，且具有明显的 ELDRS 效应。定义总剂量为 30krad(Si)时，剂量率为 0.01rad(Si)/s 和 5rad(Si)/s 时归一化放大倍数的比值为增强因子，栅控晶体管的低剂量率增强因子在 1～3。GVNPN 晶体管的增强因子在 1.19～1.67，GLPNP 晶体管的增强因子在 1.98～2.43，相对来说，GLPNP 晶体管比 GVNPN 晶体管有更强的 ELDRS 效应。在相同的器件类型和基区宽度时，发射区面积小的器件增强因子更大。

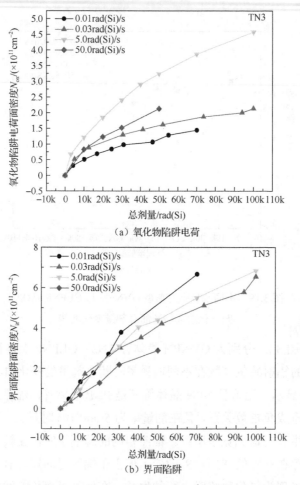

（a）氧化物陷阱电荷

（b）界面陷阱

图 3.20　不同剂量率时 GVNPN 晶体管 TN3 栅扫描法所得辐射感生产物随总剂量变化曲线

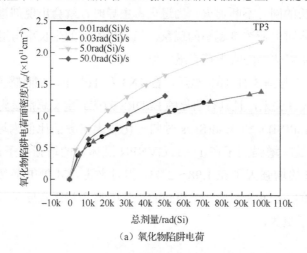

（a）氧化物陷阱电荷

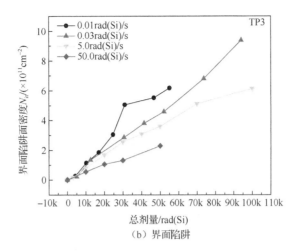

（b）界面陷阱

图 3.21 不同剂量率时 GLPNP 晶体管 TP3 栅扫描法所得辐射感生产物随总剂量变化曲线

2. 双极器件总剂量辐照后的退火效应

图 3.22 为四种典型双极集成电路不同剂量率辐照试验后的室温退火曲线。四种器件在高剂量率辐照后的室温退火过程中，辐照损伤依然小于低剂量率辐照结束时的辐照损伤，因此高、低剂量率间的退火效应差异不是时间相关效应，而是真正的剂量率效应。输入级为 SPNP 的三种器件（LM124、LM158、LM111）在室温退火环境下均出现了损伤增强现象，高剂量率辐照后的退火损伤增强明显强于低剂量率情况。几种器件的退火损伤增强均有两个阶段，在第一阶段参数退化较慢，在退火约 15h 后，三种器件的参数退火速度变快。输入级为 VNPN 的 LM101 在高剂量率辐照后的室温退火过程中，其辐照后的损伤在逐渐变小。

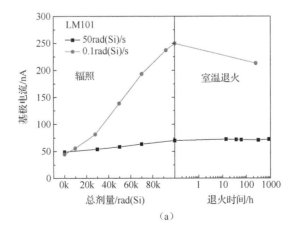

（a）

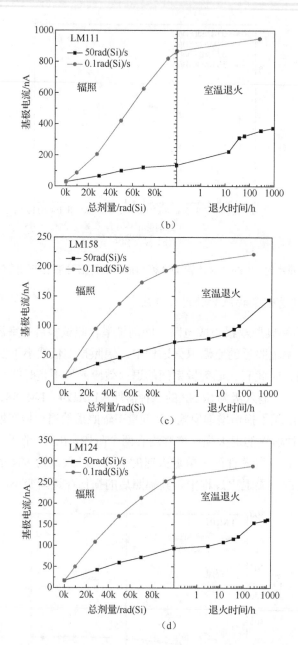

图 3.22　四种典型双极集成电路不同剂量率辐照试验后的室温退火曲线

　　图 3.23（a）为栅控晶体管归一化放大倍数在辐照及退火过程中的变化曲线。GVNPN 晶体管的放大倍数在室温退火过程中略有退化,但 GLPNP 晶体管有明显的辐照后退火增强效应。导致退火时器件损伤增强的原因与界面陷阱在退火

过程中的生长有关。图 3.23（b）为辐射感生产物在辐照及退火过程中的变化曲
线。无论是 NPN 晶体管还是 PNP 晶体管，界面陷阱浓度均随退火时间的延长而
增加，在室温退火 18.5h 后，界面陷阱的生长速度变快。辐照感生氧化物陷阱电
荷在室温退火过程中没有明显变化。

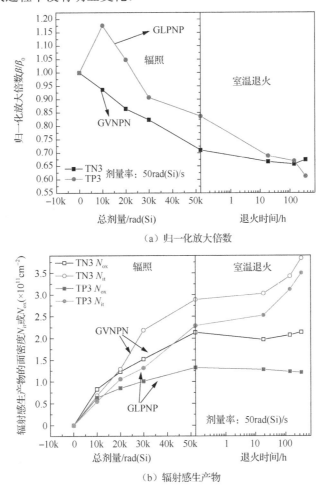

（a）归一化放大倍数

（b）辐射感生产物

图 3.23　栅控晶体管归一化放大倍数及辐射感生产物在辐照及退火过程中的变化曲线

　　造成以上试验现象的原因依然与 NPN 晶体管、PNP 晶体管产生 ELDRS 效应
的机理差异有关。无论 NPN 晶体管或 PNP 晶体管，在室温退火过程中，都会存
在三种物理过程：①辐照感生氧化物陷阱电荷的退火；②界面陷阱的生长；③界
面陷阱的钝化。器件参数在退火过程中的变化是三种物理机理共同作用所造成的
结果。

　　对于 NPN 晶体管，氧化物陷阱电荷的退火使其参数回漂，而界面陷阱的生

长使其参数继续退化，两者是相互抵消的关系，当氧化物陷阱电荷的退火占主导时，器件的参数回漂（图3.22（a）），而当界面陷阱的生长占主导时，则表现为参数的退化（图3.23（a））。

对于PNP晶体管，氧化物陷阱电荷的退火更有利于界面陷阱作为复合中心，再加之界面陷阱的生长，若不考虑界面陷阱的钝化过程，SPNP或LPNP晶体管为主导的双极集成电路在室温退火过程中都会出现辐照损伤增强现象。但也有文献[20]报道了这类双极集成电路在辐照后的室温退火过程中存在辐照损伤减弱的现象。这是由界面陷阱形成与界面陷阱钝化的相互竞争所致。输运到界面处的 H^+ 与界面处的弱键 Si—H 反应形成界面陷阱的过程并不是单向的，在一定的条件下也存在 H_2 与界面陷阱反应重新形成 Si—H 的过程，即界面陷阱的钝化过程。

3.4　低剂量率辐射损伤增强效应数值仿真

数值仿真是研究低剂量率辐射损伤增强效应物理机理的主要技术手段。国外已经开展了大量的ELDRS效应数值仿真研究工作[21-25]。不同的研究者对ELDRS效应形成机理认识的不同，往往对辐射感生产物形成的某些重要物理过程进行简化或忽略，可能造成对ELDRS效应物理机理认识不全面或不准确。下面主要介绍ELDRS效应产生的物理模型，包含载流子产生、双分子复合、电子与空穴的输运、H^+生成与输运、不同能级氧化物陷阱俘获、SRH复合、热激发、界面陷阱生长与退火等过程；分析氧化层中电子与空穴的直接复合、SRH复合、浅能级电子或空穴陷阱的俘获等单一因素对 ELDRS 效应的影响及其差异性，并给出了 ELDRS 效应形成的物理机理。

3.4.1　ELDRS 效应数值仿真模型

1. 双分子复合物理模型

由于双极器件中电场较低，认为电离产生的空穴与电子在初始复合和氧化层输运过程中均存在直接复合，即双分子复合[26]。此时，以空穴为例，其连续性方程可表示为

$$\frac{\partial p}{\partial t} = g_0 R_d - \alpha \cdot p - \sigma_{recom} \cdot n \cdot p \qquad (3.42)$$

式中，n 与 p 分别为电子与空穴的浓度；g_0 为单位剂量时在 SiO_2 中电离产生的电子-空穴对数目，对于 γ 射线，$g_0 = 8.1 \times 10^{12} cm^{-3} \cdot rad^{-1}$；$R_d$ 为剂量率；α 为空穴通过氧化层陷阱的间接复合率；σ_{recom} 为电子与空穴的直接复合系数。

在稳态情况下，当剂量率很低时，氧化层内电离产生的电子-空穴对浓度低，

电子快速逃逸出氧化层，电子与空穴的直接复合项很小，可以忽略，此时：

$$p = \frac{g_0 R_d}{\alpha} \tag{3.43}$$

若辐照总剂量为 D，则辐照后的损伤 R 可表示为

$$R = \frac{D}{R_d} \cdot A_p \cdot p \cdot N_{T0} = g_0 A_p N_{T0} \frac{D}{\alpha} \tag{3.44}$$

式中，A_p 为氧化物陷阱对空穴的俘获系数；N_{T0} 为氧化物陷阱浓度。可见在这种情况下，辐照损伤与辐照总剂量为线性关系，且与剂量率无关。在高剂量下，单位时间内氧化层内的电子–空穴对浓度很高，可近似认为 $n=p$，其直接复合项占主导，间接复合项小。此时：

$$p = \sqrt{\frac{g_0 R_d}{\sigma_{recom}}} \tag{3.45}$$

同理可得

$$R = \frac{D}{R_d} \cdot A_p \cdot p \cdot N_{T0} = A_p N_{T0} D \sqrt{\frac{g_0}{\sigma_{recom} R_d}} \tag{3.46}$$

此时的总剂量辐照损伤不仅与总剂量相关，而且与剂量率相关。

1）氧化层陷阱的相关方程

氧化层陷阱可分为中性电子陷阱和中性空穴陷阱两种，见图 3.24。

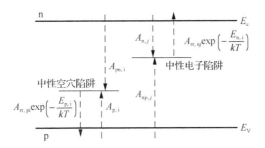

图 3.24　氧化层中中性电子陷阱和中性空穴陷阱的俘获、复合及热激发示意图

电子陷阱可在俘获电子的情况下，再俘获空穴或热激发释放出电子。电子陷阱的连续性方程可表示为

$$\frac{\partial n_{t,i}}{\partial t} = G_{n,i} - R1_{n,i} - R2_{n,i} \tag{3.47}$$

式中，$n_{t,i}$ 为第 i 种电子陷阱俘获电子的浓度；$G_{n,i}$ 为单位时间内陷阱从导带俘获电子的数量；$R1_{n,i}$ 为已俘获电子的陷阱再从价带俘获空穴的数量；$R2_{n,i}$ 为单位时间

内由于热激发作用而将已俘获的电子再激发到导带的数量，服从 Arrhenius 定律。分别表示为

$$G_{n,i} = A_{n,i} \cdot n \cdot (N_{n0,i} - n_{t,i}) \tag{3.48}$$

$$R1_{n,i} = A_{np,i} \cdot p \cdot n_{t,i} \tag{3.49}$$

$$R2_{n,i} = A_{rr,ni} n_{t,i} \exp\left(-\frac{E_{n,i}}{kT}\right) \tag{3.50}$$

式中，$A_{n,i}$ 为陷阱俘获电子的系数；$A_{np,i}$ 为已经俘获电子陷阱再俘获空穴的系数；$A_{rr,ni}$ 为频率因子；$E_{n,i}$ 为电子陷阱距离导带的能级；$N_{n0,i}$ 为 SiO_2 中的中性电子陷阱浓度。

当 $R1_{n,i} \gg R2_{n,i}$ 时，电子陷阱主要作为电子与空穴复合的辅助中心，从间接复合理论可知，陷阱能级处于 SiO_2 的禁带中央时，其复合作用最为明显。当 $R1_{n,i} \ll R2_{n,i}$ 时，已俘获的电子在复合时被热激发，主要作为电子的俘获中心。

同理，对于空穴陷阱则有

$$\frac{\partial p_{t,i}}{\partial t} = G_{p,i} - R1_{p,i} - R2_{p,i} \tag{3.51}$$

$$G_{p,i} = A_{p,i} \cdot p \cdot (N_{p0,i} - p_{t,i}) \tag{3.52}$$

$$R1_{p,i} = A_{pn,i} \cdot p_{t,i} \cdot n \tag{3.53}$$

$$R2_{p,i} = A_{rr,pi} p_{t,i} \exp\left(-\frac{E_{p,i}}{kT}\right) \tag{3.54}$$

式中，$A_{p,i}$ 为陷阱俘获空穴的系数；$A_{pn,i}$ 为已经俘获空穴陷阱再俘获电子的系数；$A_{rr,pi}$ 为频率因子；$E_{p,i}$ 为空穴陷阱距离价带的能级；$N_{p0,i}$ 为 SiO_2 中辐照前中性的空穴陷阱浓度。

2）界面陷阱的相关方程

界面陷阱的两步反应模型是目前国内外普遍接受的一种界面陷阱形成模型。这一模型认为，在辐照环境下，射线与氧化层相互作用，在氧化层中电离产生电子-空穴对，在电场的作用下，电子-空穴对一部分复合，剩下的电子与空穴形成自由电子与自由空穴。自由空穴会在电场作用下在氧化层中迁移，有一定的概率被氧化物陷阱电荷捕获，还有一定的概率与氧化层中的含 H 缺陷相互反应，释放出 H^+。释放出的 H^+ 会在电场作用下缓慢地向界面输运（其迁移率比空穴的低 4～6 个数量级）。H^+ 到达界面后有一定的概率与界面处的弱键 Si—H 相互反应，形成界面陷阱：

$$DH + h^+ \longrightarrow DH^+ \tag{3.55}$$

$$DH^+ \longrightarrow D + H^+ \tag{3.56}$$

$$DH^+ + n^- \longrightarrow DH \tag{3.57}$$

根据反应式（3.55）～反应式（3.57），氧化层中中间产物 DH^+ 的反应方程可表示为

$$\frac{\partial N_{DH^+}}{\partial t} = G_{DH^+} - R_{DH^+,H^+} - R_{DH^+,n^-} \tag{3.58}$$

式中，N_{DH^+} 为 DH^+ 的浓度；G_{DH^+} 为 DH^+ 的产生项；R_{DH^+,H^+}、R_{DH^+,n^-} 分别为两个复合项，具体如下：

$$G_{DH^+} = A_{DH} \cdot p \cdot (N_{DH} - N_{DH^+}) \tag{3.59}$$

$$R_{DH^+,H^+} = A_{rr,DH^+} \cdot N_{DH^+} \exp\left(-\frac{E_{DH^+}}{kT}\right) \tag{3.60}$$

$$R_{DH^+,n^-} = A_{DH^+,n^-} \cdot n \cdot N_{DH^+} \tag{3.61}$$

针对含 H 缺陷 DH 建立如下方程：

$$\frac{\partial N_{DH}}{\partial t} = G_{DH} - R_{DH} \tag{3.62}$$

式中，$G_{DH} = R_{DH^+,n^-}$；$R_{DH} = G_{DH^+}$。

界面陷阱的偏微分方程为

$$\frac{\partial N_{it}}{\partial t} = G_{N_{it}} - R_{N_{it}} \tag{3.63}$$

$$G_{N_{it}} = A_{it} \cdot (N_{PbH0} - N_{it}) \cdot H^+, \quad R_{N_{it}} = \frac{N_{it}}{\tau_{it}} \tag{3.64}$$

　　国外部分文献认为生成的 H^+ 会与氧化层中的自由电子反应，形成中性的氢原子。由于在高剂量率下时，电离产生的电子受库仑力作用，难以快速逃逸出界面，有较高的概率与 H^+ 反应：

$$H^+ + n^- \longrightarrow H \tag{3.65}$$

设其反应系数为 A_{Hn}，则反应所导致的复合项表示为

$$R_{Hn} = A_{Hn} \cdot N_{H^+} \cdot n^- \tag{3.66}$$

　　3）载流子连续性方程

　　电离产生的电子与空穴经过初始复合后，会成为自由电子与自由空穴，在电场及浓度的影响下进行漂移与扩散，并被氧化层中的陷阱所俘获或复合。除了电子与空穴外，国外相关研究均认为，在氧化层中还有可能存在 H^+、氢原子和 H_2

等，这些物质会在氧化层中缓慢扩散或漂移，最终在界面处与界面的弱键 Si—H 反应，形成界面陷阱。针对这些在氧化层可移动的物质建立如下的连续性方程：

$$\frac{\partial x}{\partial t} = -\nabla f_x + G_x - R_x \tag{3.67}$$

$$f_x = \mp \mu_x \cdot x \cdot \nabla U - D_x \cdot \nabla x \tag{3.68}$$

式中，x 为在氧化层中可漂移或扩散的自由载流子、氢原子、H_2 等粒子；G_x 与 R_x 分别为 x 在单位时间内的产生量与消失量；∇f_x 为 x 的散度；D_x 为扩散系数；μ_x 为迁移率。当粒子带正电时，式中 μ_x 前面的符号为负，负电时为正，不带电时 μ_x 为零，表明此时粒子只在氧化层中做扩散运动。根据爱因斯坦关系，$D_x = \mu_x \cdot kT/q$。因此，对于空穴、电子及 H^+ 的连续性方程可具体表示为如下形式：

$$\frac{\partial p}{\partial t} = \nabla \cdot \left(\mu_p \cdot p \cdot \nabla U + D_p \cdot \nabla p \right) + G_p - R_p \tag{3.69}$$

$$\frac{\partial n}{\partial t} = \nabla \cdot \left(-\mu_n \cdot n \cdot \nabla U + D_n \cdot \nabla n \right) + G_n - R_n \tag{3.70}$$

$$\frac{\partial N_{H^+}}{\partial t} = \nabla \cdot \left(\mu_{H^+} \cdot H^+ \cdot \nabla U + D_{H^+} \cdot \nabla p \right) + G_{H^+} - R_{H^+} \tag{3.71}$$

根据以上分析，空穴、电子和 H^+ 的连续性方程右侧的产生项与复合项可分别表示为

$$G_p = g_0 \cdot R_d + \sum_{i=1}^{M} R2_{p,i} \tag{3.72}$$

$$R_p = R_{np} + \sum_{i=1}^{M} G_{p,i} + \sum_{j=1}^{L} R1_{n,j} + G_{DH^+} \tag{3.73}$$

$$G_n = g_0 \cdot R_d + \sum_{j=1}^{L} R2_{n,j} \tag{3.74}$$

$$R_n = R_{np} + \sum_{i=1}^{M} R1_{p,i} + \sum_{j=1}^{L} G_{n,j} + R_{DH^+,n} + R_{Hn} \tag{3.75}$$

$$G_{H^+} = R_{DH^+,H^+} \tag{3.76}$$

$$R_{H^+} = R_{Hn} + G_{N_{it}} \tag{3.77}$$

4）氧化层电场

依据泊松方程，氧化层中电荷与内建电势的关系为

$$\nabla^2 U = -\frac{Q}{\varepsilon_{ox} \varepsilon_0} \tag{3.78}$$

$$Q = q \left(p - n + N_{H^+} + \sum_{i=1}^{M} p_{t,i} - \sum_{j=1}^{N} n_{t,j} \right) \tag{3.79}$$

在实际中，界面陷阱随栅电压的不同，具有极性不同的电性。为了简化仿真模型，认为界面陷阱为电中性。

2. 数值仿真模型的简化解析分析

1）氧化物陷阱电荷解析分析

依据式（3.51），设其初始条件为 $t=0$ 时，$p_{t,i}=0$，且 p 与 $p_{t,i}$ 相互独立，求解该一阶偏微分方程，并令 $t=D/R_d$，可得

$$p_{t,i}=\frac{B_{p,i}}{C_{p,i}}\left[1-\exp\left(-C_{p,i}\frac{D}{R_d}\right)\right] \tag{3.80}$$

式中，

$$B_{p,i}=A_{p,i}\cdot p\cdot N_{p0,i},\quad C_{p,i}=A_{p,i}p+A_{pn,i}n+A_{rr}\exp\left(-\frac{E_{p,i}}{kT}\right)$$

$C_{p,i}$ 中的三项分别为陷阱俘获空穴的俘获率、已俘获空穴再俘获电子的俘获率和已俘获空穴的热激发率。当电离辐射总剂量效应较小，$N_{p0,i}\gg p_{t,i}$ 时，$C_{p,i}$ 中的第一项可忽略。当 $C_{p,i}\frac{D}{R_d}\to 0$ 时，式（3.80）可简化为

$$p_{t,i}=B_{p,i}\cdot t=A_{p,i}\cdot N_{p0,i}\cdot D\cdot\frac{p}{R_d} \tag{3.81}$$

此时，陷阱电荷浓度与总剂量成正比，与剂量率成反比，与空穴浓度 p 成正比。其中，p 与辐照时间、剂量率、温度等参数相关。

同理，对于电子陷阱有

$$n_{t,i}=\frac{B_{n,i}}{C_{n,i}}\left[1-\exp\left(-C_{n,i}\frac{D}{R_d}\right)\right] \tag{3.82}$$

式中，

$$B_{n,i}=A_{n,i}\cdot n\cdot N_{n0,i},\quad C_{n,i}=A_{n,i}n+A_{np,i}p+A_{rr}\exp\left(-\frac{E_{n,i}}{kT}\right)$$

2）界面陷阱解析分析

同理，对于界面陷阱有

$$N_{it}=\frac{B_{it}}{C_{it}}\left[1-\exp\left(-C_{it}\frac{D}{R_d}\right)\right] \tag{3.83}$$

其中：

$$B_{it}=A_{it}\cdot N_{H^+}\cdot N_{pbH0},\quad C_{it}=A_{it}N_{H^+}+\frac{1}{\tau_{it}}$$

当总剂量较小时，$N_{\text{pbH0}} \gg N_{\text{it}}$ 时，$C_{\text{p},i}$ 中的第一项可忽略。当 $\dfrac{1}{\tau_{\text{it}}} \to 0$ 时，有

$$N_{\text{it}} = A_{\text{it}} \cdot N_{\text{pbH0}} \cdot D \cdot \frac{N_{\text{H}^+}}{R_{\text{d}}} \tag{3.84}$$

分析可知，在总剂量较小的情况下，氧化物陷阱电荷浓度和空穴浓度与剂量率的比值成正比，而界面陷阱浓度和 H^+ 与剂量率的比值成正比。当空穴浓度与剂量率、界面陷阱浓度与 H^+ 的关系呈线性时，相同总剂量、不同剂量率下俘获的陷阱电荷完全相同，此时没有剂量率效应；当两者为超线性关系时，高剂量率下的辐照损伤强于低剂量率；当两者为亚线性关系时，低剂量率下的辐照损伤更为严重，存在 ELDRS 效应。

3）载流子特性解析分析

对于式（3.69），当 $t \to \infty$ 时，必然达到平衡状态，存在 $\dfrac{\partial p}{\partial t} = 0$，即

$$-\nabla \cdot f_{\text{p}} + G_{\text{p}} - R_{\text{p}} = 0 \tag{3.85}$$

假设氧化层无限大，载流子处处均匀，则 $\nabla \cdot f_{\text{p}} = 0$，因此有 $G_{\text{p}} = R_{\text{p}}$。依据式（3.72）和式（3.73）有

$$g_0 \cdot R_{\text{d}} + \sum_{i=1}^{M} R2_{\text{p},i} = R_{\text{np}} + \sum_{i=1}^{M} G_{\text{p},i} + \sum_{j=1}^{L} R1_{\text{n},j} + G_{\text{DH}^+} \tag{3.86}$$

求解可得

$$p = \frac{g_0 \cdot R_{\text{d}} + \sum\limits_{i=1}^{M} A_{\text{rr}} \exp\left(-\dfrac{E_{\text{p},i}}{kT}\right) \cdot p_{\text{t},i}}{\sigma_{\text{recom}} n + \sum\limits_{i=1}^{M} A_{\text{p},i}\left(N_{\text{p0},i} - p_{\text{t},i}\right) + \sum\limits_{j=1}^{L} A_{\text{n},j}\left(N_{\text{n0},j} - n_{\text{t},j}\right) + A_{\text{DH}} \cdot (N_{\text{DH}} - N_{\text{DH}^+})} \tag{3.87}$$

当 $p_{\text{t},i} \ll N_{\text{p0},i}$，$N_{\text{DH}^+} \ll N_{\text{DH}}$ 时，令常数 $C_{\text{p}} = \sum\limits_{i=1}^{M} A_{\text{p},i} N_{\text{p0},i} + A_{\text{DH}} \cdot N_{\text{DH}}$，代入式（3.87）得

$$p = \frac{g_0 \cdot R_{\text{d}} + \sum\limits_{i=1}^{M} A_{\text{rr}} \exp\left(-\dfrac{E_{\text{p},i}}{kT}\right) \cdot p_{\text{t},i}}{\sigma_{\text{recom}} n + \sum\limits_{j=1}^{L} A_{\text{np},j} n_{\text{t},j} + C_{\text{p}}} \tag{3.88}$$

从式（3.88）可以看出，当空穴陷阱能级很大时，热激发率 $A_{\text{rr}} \cdot \exp\left(-\dfrac{E_{\text{p},i}}{kT}\right) \to 0$，且 n 和 $n_{\text{t},j}$ 与剂量率无关时，空穴浓度与剂量率成正比，此时无剂量率效应。

3.4.2　基于有限元的数值仿真

1. 边界条件

假设双极器件氧化层厚度 d_{ox}=1μm，如图 3.25 所示。边界 1 与边界 4 为电极，边界 2、3 为周期性边界。边界 1 代表栅控晶体管的金属栅，边界 4 为 Si/SiO$_2$ 边界。边界 4 与边界 1 的电势均为零。在边界 1 与边界 4 处，载流子被衬底中的相反载流子复合，其复合截面为 σ_{surf}，则电子、空穴在边界处的浓度分别为

$$f_p = p \cdot \sigma_{surf,p} \tag{3.89}$$

$$f_n = n \cdot \sigma_{surf,n} \tag{3.90}$$

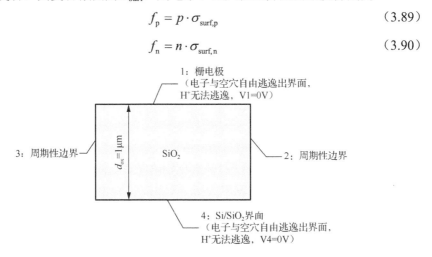

图 3.25　双极器件数值仿真的边界条件

由于氧化层的禁带宽度为 8.9eV，因此其电离产生的自由载流子具有很高的能量。当载流子输运到界面时，进入 Si 衬底或金属电极没有势垒，因此认为在边界 1 与边界 4 处的载流子可自由逃逸出界面，故复合截面 σ_{surf}=1cm^2/s，表明边界处所有载流子均被复合。

文献[27]经过第一性原理计算，认为 H$^+$ 输运到界面后，会被低价的氧化物所俘获或克服 0.3~0.5eV 势垒在 Si/SiO$_2$ 界面横向移动，而从 SiO$_2$ 中逃逸并进入 Si 中的势垒远高于这一势垒，因此辐照在氧化层中产生的 H$^+$ 会全部在氧化层界面处参与反应。故设置其在边界 1 与边界 4 处的边界条件为

$$f_{H^+} = 0 \tag{3.91}$$

由于在氧化层界面处，在与 Si 或金属电极接触中，容易形成晶格错位或失配，从而形成更多的氧空位，这些氧空位主要作为空穴陷阱，且具有较深的能级。俘获空穴后在室温下难以被热激发，从而形成稳态的氧化物陷阱电荷，一般分布在靠近界面几十纳米范围内。

氧化层存在各种类型及能级的陷阱：浅能级电子陷阱、浅能级空穴陷阱、深能级电子陷阱、深能级空穴陷阱及边界处的深能级氧化物陷阱。对器件最终性能退化产生影响的只有深能级氧化物陷阱，其他陷阱只在辐照过程中作复合或俘获中心，影响氧化层电场及载流子分布。对于浅能级陷阱，主要考虑热激发作用。对于深能级陷阱，则忽略热激发作用，只考虑复合作用。各物理参数的取值主要来自相关文献[28]。

2. 影响 ELDRS 效应的因素分析

1）复合系数对结果的影响

图 3.26 是只考虑电子与空穴的直接复合而不考虑 SRH 复合时，仿真所得的辐照感生氧化物陷阱电荷和界面陷阱与剂量率的关系。其中，图 3.26（a）中纵轴为氧化物陷阱电荷在 Si/SiO_2 界面的面密度，其求取方法为

$$N_{ox} = \frac{1}{d_{ox}} \int_0^{d_{ox}} x \cdot \rho(x) \cdot dx \tag{3.92}$$

式中，$\rho(x)$ 为 x 处氧化物陷阱电荷的浓度；x 为 Si/SiO_2 界面的距离；d_{ox} 为氧化层厚度。越靠近界面处 x 越小，此时的氧化物陷阱电荷对面密度的贡献越大。在只考虑电子与空穴直接复合的情况下，就已经出现了 ELDRS 效应。若定义增强因子为 0.01rad(Si)/s 和 30rad(Si)/s 时辐照损伤的比值，则在 $\sigma_{recom}=2\times10^{-6}cm^3/s$ 时，氧化物陷阱电荷的增强因子为 1.05，界面陷阱的增强因子为 5.36。出现低剂量率增强的原因与高低剂量率下的自由空穴产生比例有关，其中自由空穴的产额定义为

$$Y_e = 1 - \frac{R_{np}}{g_0 R_d} \tag{3.93}$$

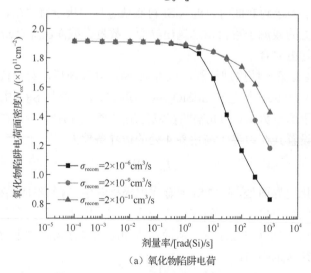

（a）氧化物陷阱电荷

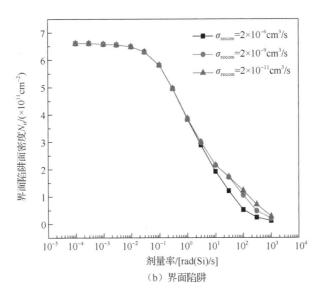

（b）界面陷阱

图 3.26　电子与空穴直接复合系数对辐照损伤的影响

　　在高剂量率情况下，单位时间内电离产生的电子-空穴对浓度高，发生电子与空穴复合的概率大，使逃逸出直接复合的自由空穴减小，而自由空穴的浓度与氧化物陷阱电荷浓度及 H$^+$浓度正相关，导致出现高剂量率辐照损伤减弱效应。直接复合系数表征了电子与空穴直接复合的概率，因此直接复合系数越大，其高剂量率下辐照损伤越弱。目前国外对电子与空穴的直接复合系数还未给出定论，文献[29]定义该复合系数为

$$\sigma_{recom} = \frac{q\left(\mu_n + \mu_p\right)}{\varepsilon_0 \varepsilon_{SiO_2}} \cdot \eta \tag{3.94}$$

式中，η 为系数，与氧化层含 H 缺陷浓度有关，取 $\eta=2\times10^6$ 时，$\sigma_{recom}=2\times10^{-11}$cm^3/s。图 3.26 中界面陷阱的增强因子与氧化物陷阱电荷相比在更低的剂量率下饱和，这主要与 H$^+$的迁移率有关。在辐照相同的总剂量时，辐照剂量率越低，H$^+$有更充足的时间输运到界面，与界面 Si—H 反应形成界面陷阱。

　　2）H$^+$与空穴迁移率对结果的影响

　　目前，普遍认为电子、空穴和 H$^+$三者间迁移率的巨大差别是导致 ELDRS 效应的关键因素之一。图 3.26 中直接复合系数导致高低剂量率下辐照损伤的差异，其本质就是由这一因素造成的。由于电子的迁移率远大于空穴，电离产生的电子才能快速逃逸出初始复合，若两者的迁移率差别不大，在氧化层中不会滞留大量的

自由空穴而导致辐照损伤。图 3.27 和图 3.28 分别为 H^+ 和空穴在不同迁移率下的辐照损伤随剂量率的变化曲线。可以看出，空穴与 H^+ 迁移率的变化产生了完全相反的现象，空穴迁移率的减小使辐射感生产物增加，而 H^+ 迁移率的减小使辐射感生产物在高剂量率时减少。由于形成氧化物陷阱电荷差异的原因与形成界面陷阱的不同，下面分别进行分析。

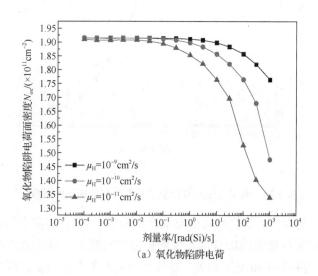

（a）氧化物陷阱电荷

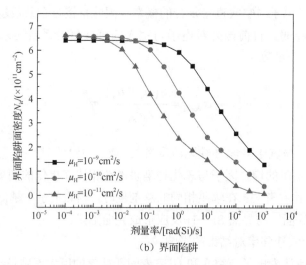

（b）界面陷阱

图 3.27 H^+ 迁移率对辐照损伤的影响

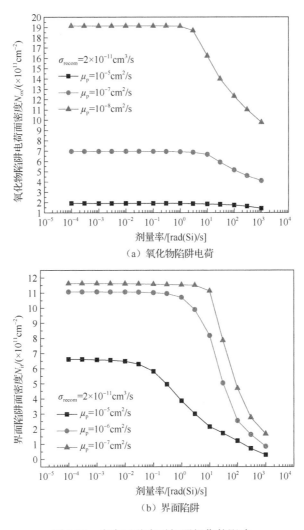

（a）氧化物陷阱电荷

（b）界面陷阱

图 3.28　空穴迁移率对辐照损伤的影响

对于氧化物陷阱电荷而言，在空穴迁移率不变，而 H^+ 迁移率变小时，H^+ 是由空穴和氧化层中含 H 缺陷反应而形成，H^+ 会排斥氧化层中的空穴，并在高剂量率时吸引电子滞留在氧化层内，使其与空穴直接复合，导致了自由空穴浓度的降低，使辐照感生氧化物陷阱电荷浓度在高剂量率时减小。在空穴迁移率降低，H^+ 迁移率不变时，空穴在氧化层中输运的时间更长，逃逸出界面的概率更低，使氧化层内自由空穴的浓度更大，从而与含 H 缺陷反应形成 H^+、被界面氧化物陷阱俘获及与电子直接复合的概率均增加。此时电子与空穴迁移率的差别更为悬殊，氧化层内电子浓度低，前两种机理占主导，最终导致辐射感生产物浓度的增加。

对于界面陷阱而言，空穴与 H^+ 迁移率的降低导致界面陷阱浓度向相反方向变化的原因比较复杂。假设氧化层内有一个从栅指向 Si/SiO₂ 界面的均匀电场 E，对于某一个空穴，其与 Si/SiO₂ 界面的距离为 x，则其输运到界面所需的时间为 $t=x/(\mu_p E)$。若 x 处的空穴浓度为 $\rho(x)$，则由 x 处输运到 Si/SiO₂ 界面的空穴浓度可表示为

$$p_x(0) = p(x)\frac{\mu_p E}{x} \tag{3.95}$$

可以看出，输运到 Si/SiO₂ 界面的空穴浓度与迁移率和电场均相关。H⁺向界面的输运与式（3.95）类似。当空穴迁移率降低时，逃逸出氧化层的空穴大量减少，使氧化层内的电场及自由空穴的数量均明显增大，抵消了迁移率的降低，使输运到 Si/SiO₂ 界面处的载流子浓度升高。对于 H⁺ 而言，由于界面处存在势垒，不能自由逃逸出界面，其迁移率的降低不会影响 H⁺ 在氧化层中的平均浓度，只是使其向界面处输运的时间更长，同一时间到达界面的 H⁺ 数量更少。但当辐照时间远大于 H⁺ 向界面输运的平均时间时，其辐照损伤则与 H⁺ 迁移率无关。

3）深能级陷阱的复合作用

（1）电子陷阱的复合作用。

在 20 世纪 90 年代，国外有学者认为高剂量率下电子与空穴通过电子陷阱的 SRH 复合是形成低剂量率增强效应的主要原因，这一理论在 2006 年又被 Boch、Schrimpf 等进一步提出。图 3.29 为不同浓度的深能级电子陷阱作复合中心时，辐照损伤与剂量率的变化曲线。可以看出，陷阱浓度与高剂量率下的辐照感生氧化物陷阱电荷浓度呈负相关，与增强因子正相关，但在低剂量率下与剂量率无关。这主要是由电子与空穴的复合和俘获之间的竞争所致。在高剂量率下，电子空

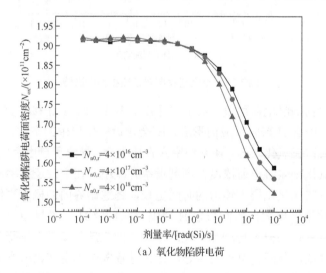

（a）氧化物陷阱电荷

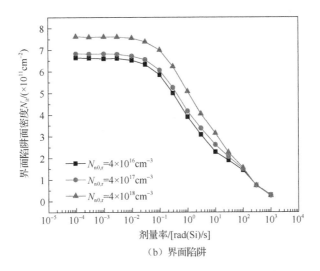

（b）界面陷阱

图 3.29　深能级电子陷阱浓度对辐照损伤的影响

穴浓度高,电子被陷阱俘获并再俘获一个空穴形成 SRH 复合的概率大(图 3.30),使得输运到界面处的自由空穴浓度减小,从而导致氧化物陷阱电荷浓度减小。在低剂量率下主要以俘获为主,电子陷阱难以成为有效的复合中心,使高低剂量率下 ELDRS 效应差异更为明显。

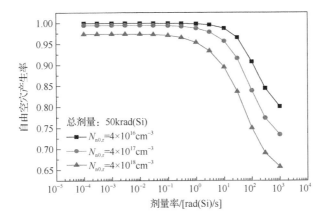

图 3.30　深能级电子陷阱浓度与自由空穴产生率

值得注意的是,陷阱浓度提高时,自由空穴产生率的减小并不意味着氧化层内自由空穴和 H$^+$ 的浓度减小。电子陷阱俘获电子使大量电子存留在氧化层内,在库仑力作用下,被俘获的电子吸引更多自由空穴,使逃逸出氧化层的自由空穴浓度减小,氧化层内自由空穴浓度增大（图 3.31（a））。这些增多的自由空穴,一部分与含 H 缺陷反应,使 H$^+$ 浓度提高（图 3.31（b））;另一部分向界面输运,但界面处正的氧化物陷阱电荷的排斥作用，使空穴在靠近界面附近被电子陷阱大量复合（图 3.31（c））。由于在模型中没有 H^+ 与电子的复合机理，因此增多的 H^+ 输运到界面后，导致界面陷阱浓度增加。

当氧化层中存在大量的电子陷阱，且作为复合中心时，会导致高剂量率时辐照感生氧化物陷阱电荷浓度减小，低剂量率时界面陷阱浓度增加，使两者的增强因子均增加，但使增强因子饱和的最大剂量率并没有明显变化。图 3.32 为电子浓度与剂量率的比值随剂量率的变化关系，可以看出，在高剂量率下这一比值更大，电子浓度与剂量率的比值与剂量率呈超线性关系，表明前面分析的当电子陷阱的复合作用占主导，且电子浓度与剂量率的比值与剂量率呈超线性关系时存在 ELDRS 效应的结论是准确的。

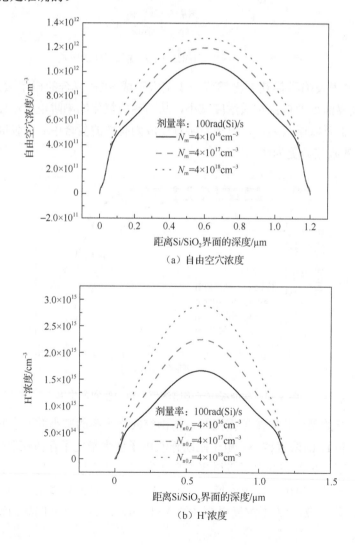

（a）自由空穴浓度

（b）H^+ 浓度

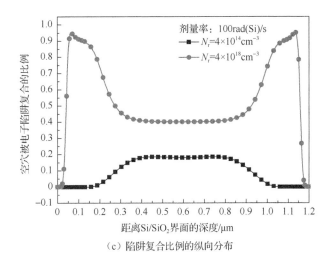

（c）陷阱复合比例的纵向分布

图 3.31 深能级电子陷阱浓度不同时，自由空穴与 H⁺浓度、
陷阱复合比例的纵向分布的变化曲线

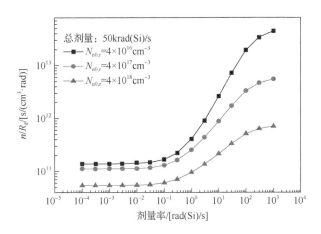

图 3.32 电子浓度与剂量率的比值随剂量率的变化关系

（2）空穴陷阱的复合作用。

氧化层中存在大量的氧空位，这些氧空位是最主要的空穴陷阱，文献[28]通过第一性原理计算得到，无论是浅能级的 E_δ 中心，还是深能级的 E_γ 中心，其在俘获空穴后再俘获电子的反应能均为零。这表明被陷阱俘获的空穴再和电子发生 SRH 复合的概率很高。文献[30]认为被俘获空穴与电子的复合截面在 $10^{-11} \sim 10^{-13} cm^2$，比电子与空穴的直接复合截面要高 2 个量级。图 3.33 为不同深能级空穴陷阱浓度时，仿真所得的氧化物陷阱电荷和界面陷阱随剂量率的变化曲线。深能级空穴陷阱浓度越高，辐照损伤越弱，不同剂量率间的损伤差异越小。导致这一现象的主要原因是在空穴陷阱作复合中心时，由于空穴迁移率远低于电子的，

空穴陷阱俘获了大量的空穴后，这些被俘获的空穴被固定在氧化层中间，难以与电子直接复合，或输运到界面被氧化物陷阱俘获，也难以与含 H 缺陷反应形成 H^+，从而使陷阱浓度增大，辐照损伤减小。

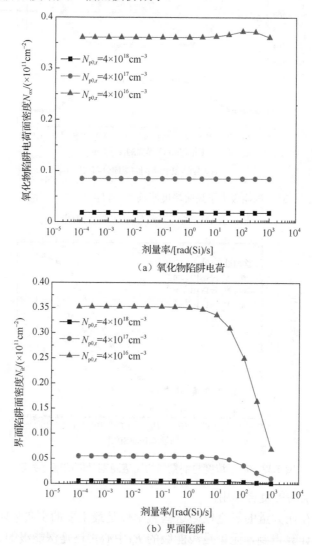

（a）氧化物陷阱电荷

（b）界面陷阱

图 3.33　深能级空穴陷阱浓度对辐射感生产物的影响

　　与电子陷阱作复合中心时相比，由于电子的迁移率高，电子陷阱在俘获电子后很容易再俘获低迁移率的空穴，从而呈电中性。但空穴陷阱在俘获空穴后俘获高迁移率电子的概率小，使氧化层中积聚了大量正电荷，难以成为有效的复合中心。因此，当空穴陷阱的复合作用占主导时，不会产生明显的 ELDRS 效应，而电子陷阱是一种更为有效的复合中心。

4）浅能级陷阱的俘获作用

（1）浅能级电子陷阱的影响。

图 3.34 为不同浅能级电子陷阱浓度时辐射感生产物与剂量率的关系。在氧化层中间施加了均匀分布的浅能级电子陷阱，不考虑被俘获电子与空穴的复合，只考虑被俘获电子的热激发作用，激发能 $E_{n,s}=0.7eV$。可以看出，辐射感生产物在高剂量率时，与浅能级电子陷阱浓度呈正相关；在低剂量率时，辐照损伤与浅能级电子陷阱浓度无关。这主要是因为高剂量率时，氧化层内已俘获电子的陷阱没有充足的时间热激发退火，形成大量带负电的陷阱电荷，它们一方面减小了氧化层中间的电场强度；另一方面将更多空穴吸引到氧化层中间，使氧化层内自由空穴

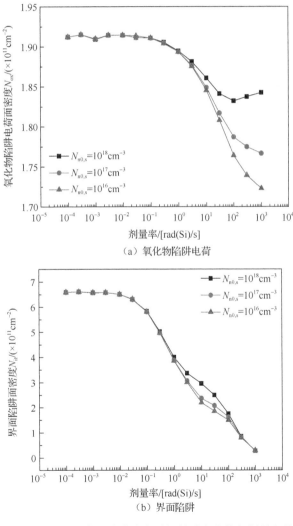

（a）氧化物陷阱电荷

（b）界面陷阱

图 3.34　不同浅能级电子陷阱浓度时辐射感生产物与剂量率的关系

与 H$^+$的浓度增加，导致氧化物陷阱电荷及界面陷阱的浓度增加。在 1000rad(Si)/s
附近，浅能级电子陷阱浓度对界面陷阱浓度影响不明显，这与 H$^+$输运到界面的时
间有关。浅能级电子陷阱浓度的增加会抑制 ELDRS 效应的出现。

（2）浅能级空穴陷阱的作用。

氧化层中大量的氧空位所形成的 E_δ 中心是目前已知的最主要的浅能级空穴
陷阱，其大量存在于氧化层中间，下面分析它的存在对 ELDRS 效应的影响。

① 浅能级空穴陷阱浓度的影响。图 3.35 为不同浅能级空穴陷阱浓度时，辐
射感生产物随剂量率的变化曲线。可以看出，浅能级空穴陷阱浓度的增加使高剂
量率下辐射感生产物的浓度减小，辐照损伤与剂量率的曲线向低剂量率一侧平移，

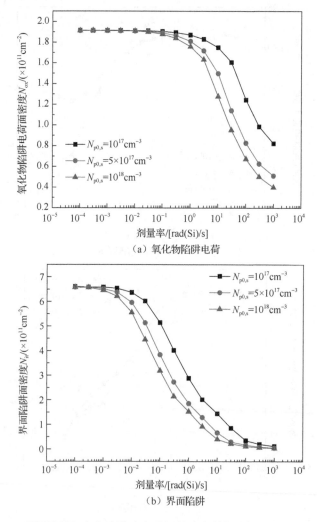

（a）氧化物陷阱电荷

（b）界面陷阱

图 3.35　不同浅能级空穴陷阱浓度时辐射感生产物随剂量率的变化曲线

使增强因子饱和的最大剂量率更小，ELDRS 效应更为明显。因此，浅能级空穴陷阱的存在是发生 ELDRS 效应的充分条件。图 3.35 中出现 ELDRS 效应的根本原因是浅能级空穴陷阱的热激发效应使氧化层中自由空穴浓度与剂量率呈亚线性关系，浅能级空穴陷阱浓度的增加使得其更加远离线性关系，从而导致了增强因子的增大。

图 3.36 为不同浅能级陷阱浓度和剂量率时，浅能级陷阱俘获空穴、内建电势和电场在氧化层内的分布。可以看出，在高剂量率下 $N_{p0,s}$ 的增大使更多的空穴被陷阱俘获，从而提高了氧化层中间的电势，使氧化层电场的方向在氧化层中间反转，界面附近的电场强度更大。界面附近大的电场阻止了正电荷向界面的输运，导

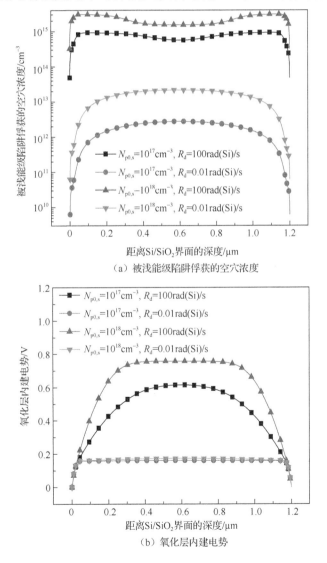

（a）被浅能级陷阱俘获的空穴浓度

（b）氧化层内建电势

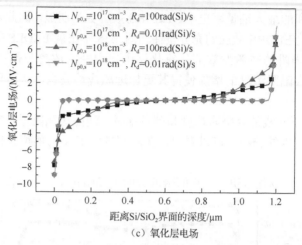

（c）氧化层电场

图 3.36　不同浅能级陷阱浓度和剂量率时氧化层内被浅能级陷阱俘获的
空穴、内建电势与电场的分布

致在高剂量率时 $N_{p0,s}$ 与 N_{ox} 呈负相关。在低剂量率情况下，被俘获空穴有足够的时间被热激发，氧化层中间电场基本不变，空穴依赖扩散运动缓慢向界面输运。在到达界面时，其输运速度远低于高剂量率情况，有更高的概率被界面俘获，从而表现为氧化物陷阱电荷的 ELDRS 效应。

对于界面陷阱而言，由于浅能级陷阱俘获了部分自由空穴，使得与含 H 缺陷反应的空穴浓度减小，从而导致形成的 H⁺浓度变小。界面陷阱浓度正比于 H⁺浓度，因此在相同总剂量与剂量率时，界面陷阱的浓度与 $N_{p0,s}$ 负相关。

② 浅能级空穴陷阱能级的影响。图 3.37 为氧化层存在不同浅能级空穴陷阱能级时，辐射感生产物与剂量率的曲线。陷阱能级的增大，使氧化物陷阱电荷和

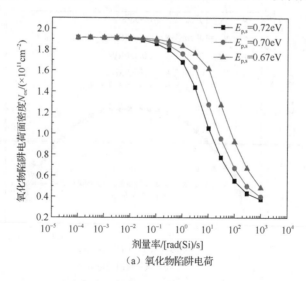

（a）氧化物陷阱电荷

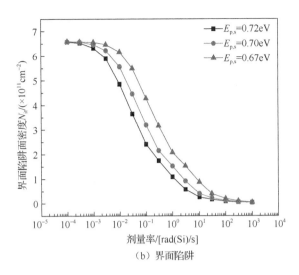

（b）界面陷阱

图 3.37　氧化层存在不同浅能级空穴陷阱能级时辐射感生产物与剂量率曲线

界面陷阱随剂量率的变化曲线均向低剂量率一侧平移。陷阱能级越大，被俘获的空穴越难以被热激发，增加了氧化层内被俘获空穴的浓度，与空穴陷阱浓度增加导致的结果一致，因此形成损伤差异的原因也相同。

从时间的尺度讲，浅能级陷阱的存在实质上改变了空穴和 H^+ 向 Si/SiO_2 界面输运的时间与速度。设氧化层中电场强度为定值 E，在 t 时刻，距离界面 x_1 处产生了一个空穴，在氧化层中没有陷阱的情况下，其输运到界面的时间为 $t_0=x_1/(\mu_p E)$。当氧化层中单位长度内有 N 个浅能级空穴陷阱时，假设在每个陷阱处空穴均被俘获，每个陷阱被热激发的时间为 τ，则该空穴向界面输运的时间为 $t_p=x_1/(\mu_p E)+N\cdot x_1\cdot\tau$。假设在输运过程中在距离界面 x 处该空穴与含 H 缺陷反应形成了 H^+，则从 t 时刻到 H^+ 输运到界面所需的时间为

$$t_{H^+} = (x_1-x)\left(\frac{1}{\mu_p E}+N\cdot\tau\right)+\frac{x}{\mu_{H^+}E} \tag{3.96}$$

由式（3.96）可以看出，H^+ 输运到界面的时间同样会受浅能级空穴陷阱的影响而变大，且 t_{H^+} 是 x 的函数，由于 $0\leqslant x\leqslant x_1$，故 $t_p\leqslant t_{H^+}\leqslant x_1/(\mu_{H^+}E)$。若 x_1 点有大量的空穴，空穴从该点输运到界面的过程中，都有可能形成 H^+，使 H^+ 输运到界面的时间为处于（t_p，$x_1/(\mu_{H^+}E)$）的值。

此时，若令辐照时间为 $t_{rad}=D/R_d$，当 $t_{rad}>t_p$，即 $R_d<D/t_p$ 时，空穴全部输运到了界面，形成氧化物陷阱电荷，此时不同剂量率的辐照损伤完全相同。对于 H^+ 而言，若辐照时间在（t_p，$x_1/(\mu_{H^+}E)$），即辐照剂量率在（$D\mu_{H^+}E/x_1$，D/t_p）时，其形成的 H^+ 与剂量率紧密相关，剂量率越小，输运到界面的 H^+ 越多，界面陷阱

越多，即辐照剂量率在（$D\mu_{H^+}E/x_1$，D/t_p）时存在 ELDRS 效应（图 3.38）。可见陷阱能级越深（t_p 与陷阱的能级正相关）、H^+ 的迁移率越小，界面陷阱存在 ELDRS 效应的剂量率范围越宽。当 $R_d < D\mu_{H^+}E/x_1$ 时，所有 H^+ 到达界面，此时增强因子达到饱和。从上面的分析可以看出，与氧化物陷阱电荷相比，界面陷阱具有 ELDRS 效应的剂量率范围更宽。这在理论上解释了图 3.37 中界面陷阱在更宽的剂量率范围内具有增强效应的原因。

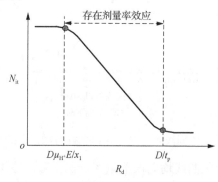

图 3.38　存在 ELDRS 效应的剂量率范围

（3）浅能级陷阱俘获空穴导致的退火损伤增强效应。

曾有人认为，浅能级陷阱所致的 ELDRS 效应，实际是一种时间相关效应。浅能级陷阱延缓了空穴向界面输运的时间，使高剂量率辐照结束时，辐照损伤小。但在退火过程中，所有被俘获的空穴会被热激发形成自由空穴，最终输运到界面，使辐照损伤与低剂量率下的完全相同。

图 3.39 为辐射感生产物在辐照和退火 5×10^9s 过程中的变化规律。可以看出，氧化物陷阱电荷在退火过程中基本没有变化，界面陷阱在辐照剂量率为 1000rad(Si)/s 时，辐照结束后，界面陷阱浓度持续增长了约为辐照结束时的 1 倍。这一增长是辐照结束后，在氧化层内残留的 H^+ 和未被热激发的被俘获的空穴所致。但考虑辐照后的退火作用时，器件在低剂量率下的辐照损伤依然大于高剂量率情况。这表明浅能级空穴陷阱导致了真正的 ELDRS 效应，而非时间相关效应。实际上，浅能级陷阱在延缓空穴和 H^+ 向界面输运的同时，还提高了氧化层内的电场强度、影响了空穴与电子的复合，使相同总剂量下，高低剂量率形成的自由空穴的浓度有差异。

辐照后室温退火的辐照损伤增强与浅能级陷阱有关，陷阱能级越深，其达到最终饱和的时间越长，陷阱浓度越高，饱和时的辐照损伤与辐照结束时的比值就越大。因此，通过快速、实时监测辐照后参数的变化情况，可定性获取浅能级陷阱的能级及浓度特征。

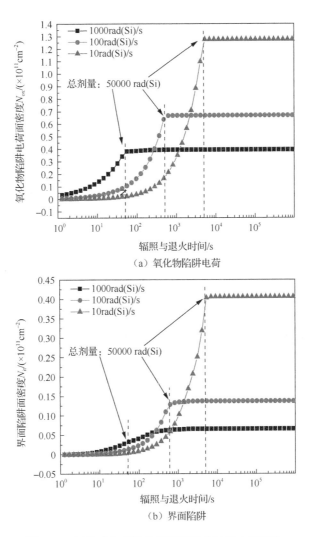

（a）氧化物陷阱电荷

（b）界面陷阱

图 3.39　辐射感生产物在辐照和退火过程中的变化

5）不同类型陷阱对 ELDRS 作用的异同性分析

表 3.2 是在前面不同类型的陷阱条件下，从辐射感生产物与剂量率的关系曲线上提取的增强因子 EF 和 $R_{d\text{-sat}}$ 值，其中增强因子定义为 0.01rad(Si)/s 和 30rad(Si)/s 两种剂量率下的辐射损伤比值，$R_{d\text{-sat}}$ 为增强因子在低剂量率下饱和时所对应的最大剂量率。可以看出，相对于无陷阱情况，氧化层中存在浅能级空穴陷阱对 ELDRS 效应的影响最为明显，深能级电子陷阱次之，而深能级空穴陷阱和浅能级电子陷阱使增强因子减小，具有抑制 ELDRS 效应的特点。因此，形成 ELDRS 效应的充分条件：①氧化层中空穴陷阱的热激发作用在辐照过程中不可忽略；②电子与空穴的直接复合；③电子与空穴通过电子陷阱的间接复合。

表 3.2　不同类型陷阱仿真所得的增强因子（EF）及增强饱和剂量率（$R_{d\text{-sat}}$）值

陷阱类型	氧化物陷阱电荷		界面陷阱	
	EF	$R_{d\text{-sat}}$ / [rad(Si)/s]	EF	$R_{d\text{-sat}}$ / [rad(Si)/s]
无陷阱	1.06	0.3	3.76	0.01
深能级电子陷阱	1.07	0.3	3.26	0.01
深能级空穴陷阱	1.00	无	1.13	10
浅能级电子陷阱	1.03	0.1	3.14	0.01
浅能级空穴陷阱	2.01	0.01	26.48	0.001

单纯使用某一种物理机理不能完全解释所有 ELDRS 效应的试验现象。主要表现如下：

（1）若氧化层内只存在浅能级空穴陷阱，当高剂量率辐照时，未被热激发的陷阱电荷会在氧化层内形成内建电场，该电场强度有时可以达到几十兆伏每厘米，如此大的电场强度会导致 NPN 型基区表面在高剂量率下瞬时耗尽或反型，使器件瞬时失效。但在试验中并没有观察到这一现象。

（2）若氧化层中只有电子陷阱作复合中心时，无论如何调整陷阱的浓度（$10^{15} \sim 10^{19}$ cm^{-3}）与俘获系数（$10^{-12} \sim 10^{-17}$ cm$^3 \cdot$ s^{-1}），辐射感生的氧化物陷阱电荷的增强因子均很小，而界面陷阱的增强因子在 0.01rad(Si)/s 时就已饱和，这不符合实际的试验现象。

（3）单纯依赖电子与空穴的直接复合解释 ELDRS 效应，对氧化层中必然存在的各种陷阱不予考虑，显然不符合实际情况。因此，ELDRS 效应必然是多个因素相互综合的结果，其中浅能级空穴陷阱的热激发作用占主导，而电子与空穴的直接复合与间接复合为辅，还涉及了空穴与含 H 缺陷反应形成 H$^+$、H$^+$与空穴的输运等过程。

基于以上分析，以单纯考虑浅能级空穴陷阱模型为基础，并考虑电子的复合作用，形成了最终 ELDRS 效应的数值仿真模型。氧化层中电子与正电荷的复合可通过以下几个途径：①电子与空穴的直接复合；②H$^+$俘获电子形成氢原子；③已俘获空穴的氧化物陷阱再俘获电子；④浅能级空穴陷阱俘获空穴后再俘获电子；⑤电子陷阱俘获电子后再俘获空穴；⑥电子与 DH$^+$ 的复合。其中，第①和②两种机理是双分子复合机理，第①种是最基本的，而第③～⑤种机理属于以陷阱为中心的 SRH 复合。

在考虑了以上电子与正电荷的复合机理后，仿真结果如图 3.40 所示。可以看出，考虑了电子与正电荷的复合后，氧化物陷阱电荷与剂量率的曲线在低剂量率时完全相同，而在高剂量率下时，由于电子的复合作用，辐射感生产物减小。对界面陷阱，则有较为明显的影响，这主要是由于电子与 H^+ 的直接复合和通过电子陷阱的间接复合相互竞争。当氧化层中有大量电子陷阱时，电子与空穴通过陷阱复合，无疑减少了 H^+ 与电子的复合概率，从而使 H^+ 的浓度增大，导致界面陷阱的浓度增大。

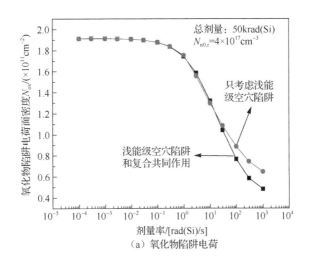
（a）氧化物陷阱电荷

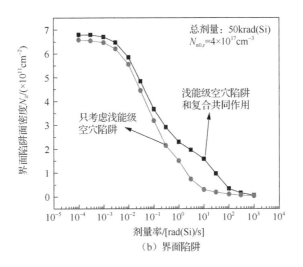
（b）界面陷阱

图 3.40　浅能级空穴陷阱与深能级电子陷阱共同作用时的仿真结果

图 3.41 为考虑了电子的复合作用后，辐照总剂量为 50krad(Si)时，氧化层内空穴产生率和内建电势随剂量率的变化曲线。可以看出，电子与正电荷的复合在高剂量率时有效地减小了自由空穴的产生率和内建电势；在低剂量率下，电离所

产生的电子-空穴对浓度低，复合概率小，导致在低剂量率下电子与空穴复合作用可以忽略，使低剂量率下辐射感生产物的浓度与电子和正电荷的复合无关。

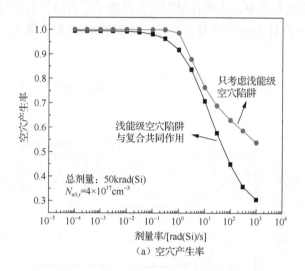

（a）空穴产生率

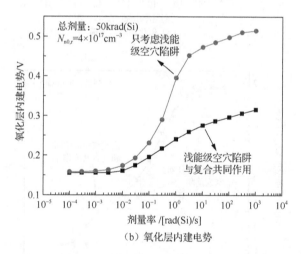

（b）氧化层内建电势

图3.41　SRH复合对空穴产生率及氧化层内建电势的影响

3. 其他因素对 ELDRS 效应的影响

1）氧化物陷阱能级对辐照感生氧化物电荷的影响

图3.42 为陷阱能级对氧化物陷阱电荷的影响。在陷阱能级为 1.2eV 时，氧化物陷阱具有明显的 ELDRS 效应，在剂量率小于 0.1rad(Si)/s 时，辐照感生的氧化物陷阱电荷浓度基本不变。在陷阱能级为 1.1eV 和 1.0eV 时，氧化物陷阱电荷在

较高的剂量率范围内存在 ELDRS 效应。但在低剂量率时，满足热激发时间小于辐照时间的条件，部分氧化物陷阱退火，使得氧化物陷阱电荷面密度随剂量率的变化出现峰值。

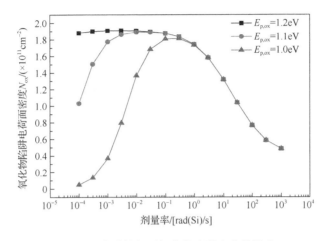

图 3.42 陷阱能级对氧化物陷阱电荷的影响

2）氧化层厚度对辐射感生产物的影响

图 3.43 为不同氧化层厚度时，辐射感生产物随剂量率的变化曲线。氧化层厚度与低剂量率增强因子正相关，且厚度越大，增强因子饱和剂量率越小。在厚的氧化层中，电离所产生的自由空穴、H$^+$及电子的总量更多，输运到界面的时间跨度更大，使得其对 ELDRS 效应更为敏感。由此可见，降低氧化层厚度，可有效地抑制 ELDRS 效应，减小辐照损伤，提高器件的抗辐照加固能力。

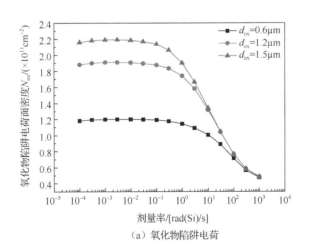

（a）氧化物陷阱电荷

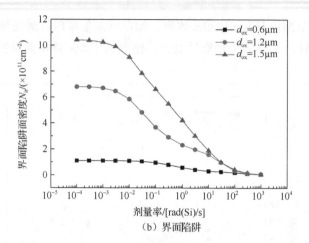

（b）界面陷阱

图 3.43　氧化层厚度对辐射感生产物的影响

参 考 文 献

[1] ENLOW E W, PEASE R L, COMBS W, et al. Response of advanced bipolar processes to ionizing radiation[J]. IEEE Transactions on Nuclear Science, 1991, 38(6): 1342-1351.

[2] MCCLURE S, PEASE R L, WILL W, et al. Dependence of total dose response of bipolar linear microcircuits on applied dose rate[J]. IEEE Transactions on Nuclear Science, 1994, 41(6): 2544-2549.

[3] TITUS J L, EMILY D, KRIEG J F, et al. Enhanced low dose rate sensitivity(ELDRS) of linear circuits in a space environment[J]. IEEE Transactions on Nuclear Science, 1999, 46(6): 1608-1615.

[4] JOHNSTON A H. Enhanced damage in linear bipolar integrated circuits at low dose rate[J]. IEEE Transactions on Nuclear Science, 1995, 42(6): 1650-1659.

[5] 程兴华, 王健安, 龚敏, 等. 集电极偏置电流对硅 npn 晶体管 γ 辐照效应的影响[J]. 半导体学报. 2007, 28(8): 1230-1247.

[6] SCHRIMPF R D. Recent advances in understanding total-dose effects in bipolar transistors[J]. IEEE Transactions on Nuclear Science, 1996, 43(3): 787-796.

[7] KOSIER S L, SCHRIMPF R D, NOWLIN R N, et al. Charge separation for bipolar transistors[J]. IEEE Transactions on Nuclear Science, 1993, 40(6): 1276-1285.

[8] KOSIER S L, WEI A, SCHRIMPF R D, et al. Physically based comparison of hot-carrier-induced and ionizing radiation-induced degradation in BJT's[J]. IEEE Transactions on Nuclear Science, 1995, 42(3): 436-444.

[9] SCHMIDT D M, WU A, SCHRIMPF R D, et al. Modeling ionizing radiation induced gain degradation of the lateral PNP bipolar junction transistor[J]. IEEE Transactions on Nuclear Science, 1996, 43(6): 3032-3039.

[10] OLDHAM T R, MCLEAN F B. Total ionizing dose effects in MOS oxides and devices[J]. IEEE Transactions on Nuclear Science, 2003, 50(3): 483-499.

[11] NIU G, BANERJEE G, CRESSLER J D, et al. Electrical probing of surface and bulk traps in proton-irradiated gate-assisted lateral PNP transistors[J]. IEEE Transactions on Nuclear Science, 1998, 45(6): 2361-2365.

[12] NOWLIN R N, PEASE R L, PLATTETER D G, et al. Evaluating TM1019. 6 ELDRS screening methods using gated lateral PNP transistors[J]. IEEE Transactions on Nuclear Science, 2005, 52(6): 2609-2615.

[13] YAN Z, DEEN M J, MALHI D S. Gate-controlled lateral PNP BJT characteristics, modeling and circuit applications[J]. IEEE Transactions on Electron Devices, 1997, 44(1): 118-128.

[14] 席善斌, 陆妩, 任迪远, 等. 栅控横向 PNP 双极晶体管电离辐射效应[J]. 核技术, 2012, 35(11): 827-832.

[15] 马武英, 王志宽, 陆妩, 等. 栅控横向 PNP 双极晶体管基极电流峰值展宽效应及电荷分离研究[J]. 物理学报, 2014, 63(11): 226-231.

[16] 席善斌, 陆妩, 任迪远, 等. 栅扫描法分离栅控横向 PNP 双极晶体管辐照感生缺陷[C]. 第十六届全国核电子学与核探测技术学术年会, 中国, 绵阳, 2012: 168-174.

[17] CHEN X J, BARNABY H J, PEASE R L, et al. Radiation-induced base current broadening mechanisms in gated bipolar devices[J]. IEEE Transactions on Nuclear Science, 2004, 51(6): 3178-3185.

[18] CHEN X J, BARNABY H J, PEASE R L, et al. Estimation and verification of radiation induced N_{ot} and N_{it} energy distribution using combined bipolar and MOS characterization methods in gated bipolar devices[J]. IEEE Transactions on Nuclear Science, 2005, 52(6): 2245-2251.

[19] JOHNSTON A H, SWIFT G M, RAX B G. Total dose effects in conventional bipolar transistors and linear integrated circuits[J]. IEEE Transactions on Nuclear Science, 1994, 41(6): 2427-2436.

[20] SHANEYFELT M R, SCHWANK J R, FLEETWOOD D M, et al. Annealing behavior of linear bipolar devices with enhanced low-dose-rate sensitivity[J]. IEEE Transactions on Nuclear Science, 2004, 51(6): 3172-3177.

[21] CHEN X J, BARNABY H J, VERMEIRE B, et al. Post-irradiation annealing mechanisms of defects generated in hydrogenated bipolar oxides[J]. IEEE Transactions on Nuclear Science, 2008, 55(6): 3032-3038.

[22] BATYREV I G, HUGHART D, DURAND R, et al. Effects of hydrogen on the radiation response of bipolar transistors experiment and modeling[J]. IEEE Transactions on Nuclear Science, 2008, 55(6): 3039-3045.

[23] CHEN X J, BARNABY H J, VERMEIRE B, et al. Mechanisms of enhanced radiation-induced degradation due to excess molecular hydrogen in bipolar oxides[J]. IEEE Transactions on Nuclear Science, 2007, 54(6): 1913-1919.

[24] RONALD L P, XIAO J C, KEITH E H, et al. The effects of hydrogen on the enhanced low dose rate sensitivity(ELDRS) of bipolar linear circuits[J]. IEEE Transactions on Nuclear Science, 2008, 55(6): 3169-3173.

[25] RASHKEEV S N, CIRBA C R, FLEETWOOD D M, et al. Physical model for enhanced interface-trap formation at low dose rates[J]. IEEE Transactions on Nuclear Science, 2002, 49(6): 2650-2655.

[26] HJALMARSON H P, PEASE R L, DEVINE R A B. Calculations of radiation dose-rate sensitivity of bipolar transistors[J]. IEEE Transactions on Nuclear Science, 2008, 55(6): 3009-3016.

[27] RASHKEEV S N, FLEETWOOD D M, SCHRIMPF R D, et al. Defect generation by hydrogen at the Si-SiO$_2$ interface[J]. Physical Review Letters, 2001, 87(16): 165501-165506.

[28] ROWSEY N L, LAW M E, SCHRIMPF R D, et al. A quantitative model for ELDRS and H$_2$ degradation effects in irradiated oxides based on first principles calculations[J]. IEEE Transactions on Nuclear Science, 2011, 58(6): 2937-2944.

[29] CHEN X J, BARNABY H J, ADELL P, et al. Modeling the dose rate response and the effects of hydrogen in bipolar technologies[J]. IEEE Transactions on Nuclear Science, 2009, 56(6): 3196-3202.

[30] FLEETWOOD D M, SCHRIMPF R D, PANTELIDES S T, et al. Electron capture, hydrogenrelease, and enhanced gain degradation in linear bipolar devices[J]. IEEE Transactions on Nuclear Science, 2008, 55(6): 2986-2991.

第 4 章　SOI 器件电离辐射总剂量效应

与传统的体硅器件相比，SOI 器件具有集成密度高、工作速度快、功耗低等优点，已广泛应用于空间、军事等领域[1,2]。SOI 技术实现了器件有源区与衬底区的电学隔离，这使 SOI MOSFET 器件具有比体硅器件更好的抗单粒子效应及抗瞬时辐射的能力[3-5]，但是绝缘埋氧层的存在却降低了 SOI 器件的抗总剂量能力[6,7]。要实现 SOI 器件的应用，需解决其抗总剂量能力差的先天劣势，抑制寄生双极晶体管及背栅晶体管的不利影响，充分发挥其抗单粒子效应和剂量率效应强的先天优势。本章主要对 SOI 器件电离辐射总剂量效应、辐射后退火效应及相关的物理机理等方面进行介绍。其中，4.1 节介绍 SOI 器件电离辐射总剂量效应规律和物理机理，主要包括室温退火效应、电离辐射总剂量效应对剂量率的依赖关系、辐照偏置及沟道长度和宽度对电离辐射总剂量效应的影响等；4.2 节介绍 SOI 器件总剂量感生缺陷电荷形成过程、氧化层陷阱电荷和界面态与辐照剂量的相关性模型；4.3 节介绍 SOI 器件室温隧穿效应和高温热激发退火效应的数值模拟方法。

4.1　电离辐射总剂量效应规律和物理机理

4.1.1　总剂量辐照及室温退火效应

SOI 器件由于埋氧层的存在，当受到电离辐射时，除了在前栅氧化层中产生氧化物陷阱电荷及在氧化层与硅界面产生界面态外，在埋氧层（B_{OX}）中也会如此。

图 4.1 为不同总剂量辐照下，加固 H 型 SOI NMOS 器件转移特性曲线的变化，其中图 4.1（a）为前栅器件，图 4.1（b）为背栅器件。辐照偏置为漏极加 5V，其他端接地。可以看出，随着辐照剂量的增加，前栅和背栅器件的 I-V 曲线发生负向漂移，导致阈值电压减小，关态漏电流增加。因为前栅器件阈值电压漂移很小，所以由自生阈值电压漂移引起的电流增加可以忽略，而其关态漏电流的增加主要是由背栅阈值电压漂移引起电流增加而叠加到前栅器件。因此，前栅关态漏电流主要反映了背栅器件关态漏电的情况。从背栅器件转移特性曲线上可以看到，背栅阈值电压的漂移比前栅阈值电压的漂移更为显著，这是由于辐射产生的氧化物陷阱电荷正比于氧化层厚度，阈值电压的漂移量正比于氧化层厚度的平方。

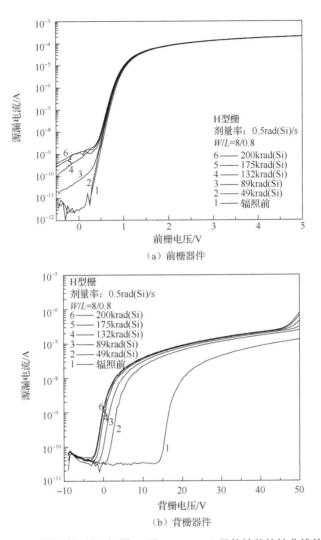

图 4.1　不同总剂量辐照下加固 H 型 SOI NMOS 器件转移特性曲线的变化

4.1.2　电离辐射总剂量效应对剂量率的依赖关系

在相同的偏置条件下，用不同的辐照剂量率对器件进行试验，发现剂量率对阈值电压的漂移和关态漏电流产生的影响也有一定的区别。图 4.2 给出了加固 H 型 SOI 背栅 NMOS 器件敏感参数随辐照时间和退火时间的变化规律，其中图 4.2（a）为阈值电压漂移，图 4.2（b）为关态漏电流。在 200krad(Si) 的总剂量条件下，低剂量率（0.5rad(Si)/s）辐照下的参数变化（如阈值电压漂移的绝对值和关态漏电流）要大于高剂量率（50rad(Si)/s）的情况，这种差异并不能通过室温退火进行消除，且在相同的退火时间下，低剂量率辐照下的电离辐射总剂量效应仍然大于高剂量率下的辐照结果。H 型 SOI 背栅 NMOS 器件表现出真正的"剂量率"效应，即低剂量率辐射损伤增强（ELDRS）效应[8-10]。背栅器件的辐射损伤增强效应可能是 SOI 器件在空间环境应用中遇到的最严重的问题，而地面高剂量率辐射评估试验可能会低估 SOI 器件的抗辐射性能。

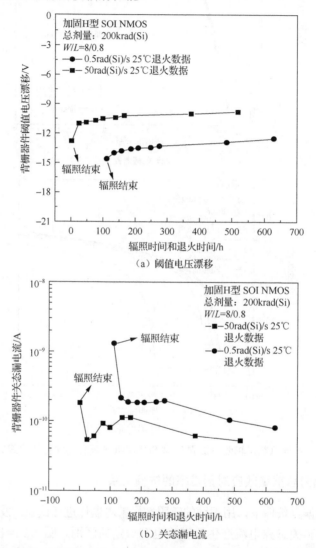

图 4.2　加固 H 型 SOI 背栅 NMOS 器件敏感参数随辐照时间和退火时间的变化规律

4.1.3　辐照偏置条件对电离辐射总剂量效应影响的物理机理

总剂量辐照引起 SOI 器件性能退化的物理机理主要与埋氧层中陷阱俘获的电荷有关。埋氧层中的电子迁移率远大于空穴，埋氧层中存在的电场使电子很快移出，空穴很难移动而被陷阱俘获，导致埋氧层中俘获的电荷主要是空穴。

　　图 4.3 为 200krad(Si)时，不同辐射偏置下埋氧层中产生的电场比较。在关态偏置下，漏端接高电平 V_{DD}，其他端接地，其电势呈非对称分布，强电场主要出现在漏体结的空间电荷区、中性体区的下方、源区的下方和埋氧层的背界面，这些强电场区域必然使陷阱俘获大量的空穴。在开态偏置下，正栅偏压使得器件体区部分的硅膜电压为 V_{DD}，在此电场作用下，B_{OX} 中辐射感生的空穴向 B_{OX}/Si 界面迁移，电子则向顶层硅膜快速逃逸。在传输态偏置下，由于源端和漏端同时接高电位，器件中的电场分布是对称的，在此状态下，辐射感生的空穴仍然是在 B_{OX} 背界面和前界面被俘获。

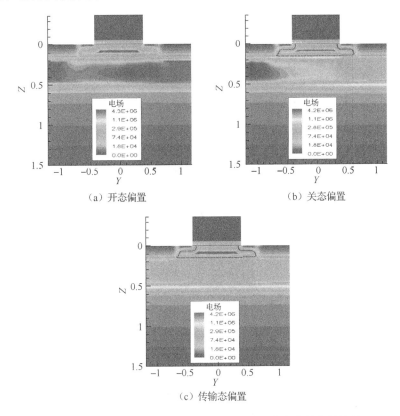

（a）开态偏置　　　　　　　　　　　　（b）关态偏置

（c）传输态偏置

图 4.3　200krad(Si)时不同辐射偏置下埋氧层中产生的电场比较

　　图 4.4 为 200krad(Si)时，三种偏置状态下埋氧层俘获空穴的分布情况。埋氧层中陷阱俘获的空穴主要集中在埋氧层的前、背两个界面，在界面处的密度是在埋氧层中间区域的 1000 倍左右，其原因是在这两个界面处的电场非常强。一般认为，在前界面的陷阱俘获空穴对正栅器件的特性影响起主导作用，而在背界面的

陷阱俘获空穴对正栅器件的特性没有影响。相对于关态偏置，开态偏置下埋氧层前界面俘获电荷分布的高密度区域较窄；传输态偏置下，埋氧层前界面俘获电荷分布的高密度区域较另两个状态都要小，即关态偏置在埋氧层中背沟道附近区域的俘获电荷密度最高，其次是开态偏置，最低的是传输态偏置。

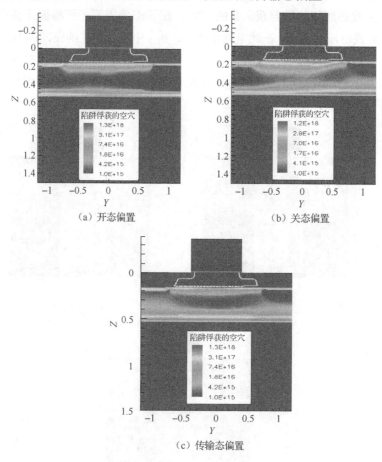

图 4.4   200krad(Si)时三种偏置状态下埋氧层俘获空穴的分布情况

图 4.5（a）为三种偏置下经过 200krad(Si)总剂量辐照之后，埋氧层以下 4nm 处沿着器件源-体-漏方向辐照感生的陷阱正电荷分布情况。传输态偏置条件下，辐照感生的陷阱正电荷密度最小，关态偏置下辐照感生的陷阱正电荷密度最大，开态偏置下辐照感生的陷阱正电荷密度介于二者之间。当埋氧层中俘获的空穴超过一定数量时，必然引起背沟道反型（图 4.5（b）），最劣辐照损伤状态为关态，其对应的正栅漏电流和背栅阈值电压负向偏移也必然最大，辐照损伤最弱的是传输态偏置。

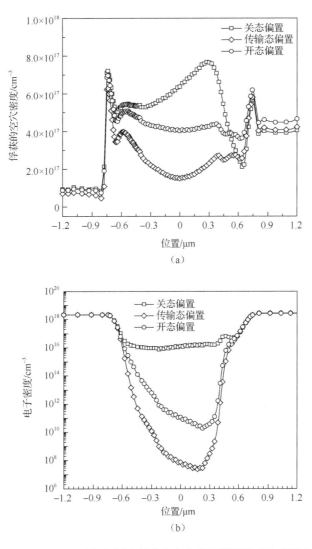

图 4.5　200krad(Si)时埋氧层中俘获空穴和背沟道区域感生电子密度

4.1.4　器件沟道长度和宽度对电离辐射总剂量效应的影响

1. 辐照增强的短沟道效应

短沟道效应[11]主要是指随着沟道长度减小，沟道区受源、漏耗尽层的影响加剧，出现电荷共享，受栅控制的电荷减少，导致器件栅控能力降低，最终表现为器件阈值电压减小。SOI 器件与体硅器件一样，也存在短沟道效应。如图 4.6 所示，用梯形区域来表示栅控电荷。假定 SOI 器件的顶层硅膜厚度与体硅器件的源、漏结深相等。可以看出，沟道长度减小，体硅器件中栅控电荷所在梯形区域的下边长明显减小，甚至消失。在短沟道 SOI 器件中，虽然栅控电荷区域也有所减小，但与体硅器件相比，栅控电荷区所占的耗尽层比例明显大于体硅器件，表明 SOI 器件能在一定程度上抑制短沟道效应，降低阈值电压的漂移。

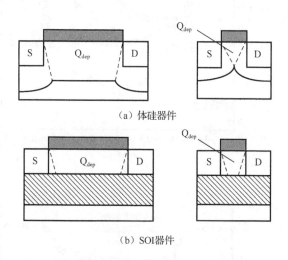

（a）体硅器件

（b）SOI器件

图 4.6 体硅与 SOI 长沟道和短沟道器件中耗尽层电荷分布示意图

当 SOI NMOS 器件受到总剂量辐照后，在栅氧化层、侧墙、B_{OX} 和场氧化层中都将产生氧化物陷阱电荷，Si/SiO_2 界面将产生界面态电荷。如果只考虑沟道正下方 B_{OX} 的影响，单位长度的沟道对应单位长度的 B_{OX}，不同沟道长度 NMOS 器件的背沟道阈值电压漂移量是相等的。然而，总剂量辐照在整个 B_{OX} 都将产生正电荷，源漏区下方 B_{OX} 中的正电荷使得源漏区的电子浓度变大。源漏区电子浓度的增大使得 PN 结内建电势增大，耗尽层的电荷总量变多，并向体区扩展，PN 结耗尽层厚度变大。在同一辐照剂量下，由于 B_{OX} 厚度相同，辐照条件相同，因此 B_{OX} 中受辐照引起的 PN 结耗尽层电荷变化量是相等的。因此，沟道长度越短，B_{OX} 辐照引起的 PN 结耗尽层电荷变化量在体区电荷中的比重越大，阈值电压漂移也越大（图 4.7）。此效应是对短沟道效应的增强，因此称为辐照增强短沟道效应（radiation induced short channel effects，RISCE）[12]。

SOI 器件的短沟道效应与体硅器件的短沟道效应类似，其不同点仅在于 SOI 器件存在前沟道和背沟道两个通道。短沟道效应中阈值电压的变化可以用电荷共享模型解释（图 4.8），图 4.8 中 X_1、X_2 分别为源体结、漏体结耗尽层厚度。

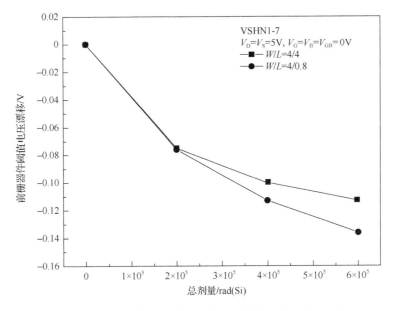

图 4.7　不同宽长比 SOI 器件阈值电压漂移与总剂量的关系

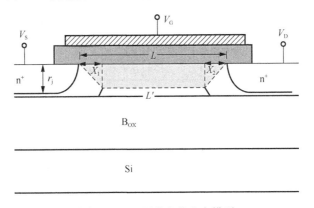

图 4.8　SOI 器件电荷共享模型

在长沟道器件中，由栅控制的耗尽层电荷被限制在边长为 L 的矩形区域内，其栅控电荷为

$$Q_{\mathrm{BL}} = -\frac{qN_{\mathrm{A}}LX_{\mathrm{d}}W}{LW} = -qN_{\mathrm{A}}X_{\mathrm{d}} \tag{4.1}$$

式中，X_{d} 为耗尽层宽度。在短沟道器件中，由栅控制的耗尽层电荷被限制在边长为 L 和 L' 的梯形区域内，其栅控电荷为

$$Q_{\mathrm{BS}} = -\frac{qN_{\mathrm{A}}\left[\dfrac{1}{2}(L+L')X_{\mathrm{d}}W\right]}{WL} = -qN_{\mathrm{A}}X_{\mathrm{d}}\left(1 - \frac{X_1 + X_2}{2L}\right) \tag{4.2}$$

辐照前阈值电压表示为

$$V_{\text{th-pre}} = \Phi_{\text{MS}} + 2\Phi_{\text{F}} + \frac{Q_{\text{B}}}{C_{\text{ox}}A} - \frac{Q_{\text{ox}}}{C_{\text{ox}}A}$$

$$= \Phi_{\text{MS}} + 2\Phi_{\text{F}} + \frac{\sqrt{4\varepsilon_{\text{Si}}qN_A\Phi_{\text{F}}}}{C_{\text{ox}}} - \frac{Q_{\text{ox}}}{C_{\text{ox}}A} - \frac{\sqrt{4\varepsilon_{\text{Si}}qN_A\Phi_{\text{F}}}}{C_{\text{ox}}} \cdot \frac{X_1 + X_2}{2L} \quad (4.3)$$

在电离辐照环境中，一方面会在栅氧化层中和硅衬底界面感生氧化物陷阱电荷和界面态电荷 ΔQ_{ox}；另一方面总剂量辐照在整个 B_{OX} 都将产生正电荷。源漏区下方 B_{OX} 中的正电荷使得源漏区的电子浓度变大。

假设 X_1'、X_2' 分别为总剂量辐照后源体结、漏体结耗尽层厚度，其值与 L 无关，与总剂量 D 相关。总剂量辐照后，阈值电压表达式为

$$V_{\text{th-rad}} = \Phi_{\text{MS}} + 2\Phi_{\text{F}} + \frac{\sqrt{4\varepsilon_{\text{Si}}qN_A\Phi_{\text{F}}}}{C_{\text{ox}}} - \frac{Q_{\text{ox}}}{C_{\text{ox}}A} - \frac{\Delta Q_{\text{ox}}}{C_{\text{ox}}A}$$

$$- \frac{\sqrt{4\varepsilon_{\text{Si}}qN_A\Phi_{\text{F}}}}{C_{\text{ox}}} \cdot \frac{X_1' + X_2'}{2L} \quad (4.4)$$

在辐照环境中，SOI NMOS 器件阈值电压的变化为

$$\Delta V_{\text{th}} = V_{\text{th-rad}} - V_{\text{th-pre}} = -\frac{\Delta Q_{\text{ox}}}{C_{\text{ox}}A} - \frac{\sqrt{4\varepsilon_{\text{Si}}qN_A\Phi_{\text{F}}}}{C_{\text{ox}}} \cdot \frac{(X_1' - X_1) + (X_2' - X_2)}{2L} \quad (4.5)$$

可以看出，由于辐照时存在增强短沟道效应，随着沟道长度的减小，阈值电压漂移量的绝对值越来越大。因此随着沟道长度的减小，辐照后 SOI NMOS 器件的性能加剧恶化。

2. 辐照增强的窄沟效应

在总剂量辐照环境中，SOI 器件的窄沟效应更严重，称为辐照增强窄沟效应（radiation induced narrow channel effects，RINCE）[13]（图 4.9）。假设 Q_{B} 为耗尽层中总的电离杂质电荷量，Q_{ox} 为由于杂质和晶格的不完善，在栅氧化层内和硅膜交界处存在的固有正电荷量（如氧化物陷阱电荷和界面态），A 为栅面积。那么 SOI 器件未辐照时前栅阈值电压满足：

$$V_{\text{th}} = \Phi_{\text{MS}} + 2\Phi_{\text{F}} + \frac{Q_{\text{B}}}{C_{\text{ox}}A} - \frac{Q_{\text{ox}}}{C_{\text{ox}}A} = \Phi_{\text{MS}} + 2\Phi_{\text{F}} + \frac{\sqrt{4\varepsilon_{\text{Si}}qN_A\Phi_{\text{F}}}}{C_{\text{ox}}} - \frac{Q_{\text{ox}}}{C_{\text{ox}}A} \quad (4.6)$$

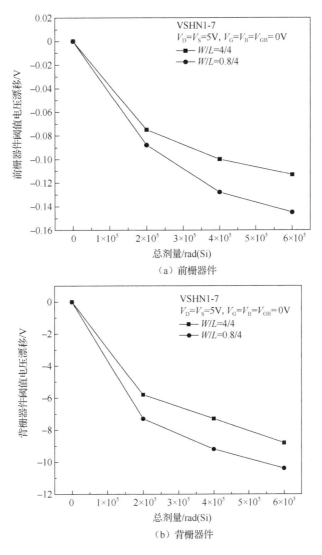

图 4.9　H 型 SOI NMOS 器件阈值电压漂移与总剂量的关系

　　在电离辐照环境中，辐照会在硅栅氧化层、硅局部氧化层（local oxidation of silicon，LOCOS）中以及与硅膜界面感生出氧化物陷阱电荷和界面态，假设在栅氧化层中辐照感生的电荷增量为 ΔQ_{ox}，在隔离氧化层中辐照感生的电荷量为 Q_{LOCOS}，那么受辐照后 SOI 前栅器件的阈值电压表达式为

$$V_{\mathrm{th\text{-}rad}} = \Phi_{\mathrm{MS}} + 2\Phi_{\mathrm{F}} + \frac{\sqrt{4\varepsilon_{\mathrm{Si}}qN_{\mathrm{A}}\Phi_{\mathrm{F}}}}{C_{\mathrm{ox}}} - \frac{Q_{\mathrm{ox}}}{C_{\mathrm{ox}}A} - \frac{\Delta Q_{\mathrm{ox}}}{C_{\mathrm{ox}}A} - \frac{Q_{\mathrm{LOCOS}}}{C_{\mathrm{ox}}A} \tag{4.7}$$

因此，在辐照环境中，SOI NMOS 器件阈值电压的漂移为

$$\Delta V_{\text{th}} = V_{\text{th-rad}} - V_{\text{th-pre}} = -\frac{\Delta Q_{\text{ox}}}{C_{\text{ox}}A} - \frac{Q_{\text{LOCOS}}}{C_{\text{ox}}A} \qquad (4.8)$$

又因为 $Q_{\text{LOCOS}} = 2LqX_{\text{dm}}N_{\text{t}}$（图 4.10）。其中，$X_{\text{dm}}$ 为最大耗尽层宽度；L 为沟道长度；N_{t} 为 LOCOS 单位面积辐照感生的氧化物陷阱电荷和界面态的量。那么，SOI NMOS 器件阈值电压的漂移为

$$\Delta V_{\text{th}} = V_{\text{th-rad}} - V_{\text{th-pre}} = -\frac{\Delta Q_{\text{ox}}}{C_{\text{ox}}A} - \frac{Q_{\text{LOCOS}}}{C_{\text{ox}}A} = -\frac{\Delta Q_{\text{ox}}}{C_{\text{ox}}A} - \frac{2qN_{\text{t}}X_{\text{d}}}{C_{\text{ox}}W} \qquad (4.9)$$

可以看出，对宽沟道器件而言，耗尽层电荷的量主要由栅控制，LOCOS 控制的电荷量较小，LOCOS 俘获电荷引起的阈值电压漂移可以忽略。然而，对窄沟道器件而言，被 LOCOS 控制的耗尽层电荷所占的份额大大增加，会引起阈值电压更大的漂移。

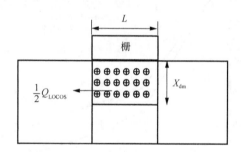

图 4.10　LOCOS 俘获电荷示意图

4.1.5　SOI 器件抗辐射性能改善

总剂量辐照引起 SOI 器件性能退化是辐照在 B_{OX} 中产生大量正电荷，使得 B_{OX} 附近的 P 型硅表面反型，寄生背栅晶体管导通，导致产生背沟漏电流，引起前栅漏电流大幅度增加，严重影响前栅器件的特性。因此，提高 SOI 器件抗辐射性能可以通过材料加固和改变器件结构的办法来实现。

在 SOI 器件加固中，可以考虑在 B_{OX} 中注入一定量能够引入电子陷阱的物质（如磷、铝或硅等）来提高器件抗辐射性能[14-18]。图 4.11 为 500krad(Si) 总剂量辐照环境下，在浮体 SOI 器件埋氧层中引入 $1\times10^{17}\sim1\times10^{20}\text{cm}^{-3}$ 的电子陷阱后背栅器件的特性变化。相对于没有增加电子陷阱的器件，在 B_{OX} 中引入一定量的电子陷阱，会减小背栅器件阈值电压的漂移。

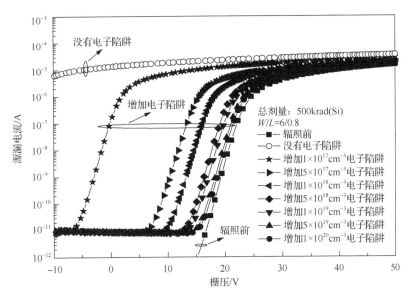

图 4.11 在埋氧层中引入电子陷阱后背栅器件的特性变化

图 4.12 为在埋氧层中引入 $3\times10^{18}\mathrm{cm}^{-3}$ 的电子陷阱后，SOI 背栅器件阈值电压漂移和前栅器件关态漏电流随辐照总剂量的变化。相对于没有增加电子陷阱的器件，在埋氧层中引入 $3\times10^{18}\mathrm{cm}^{-3}$ 的电子陷阱后，背栅器件阈值电压漂移（关态）减小到-2V 左右，极大地提高了背栅器件的抗辐射性能，并且前栅器件关态漏电流得到了很好的抑制，在 1Mrad(Si) 的总剂量辐照时，关态漏电流约为 10^{-9}A。

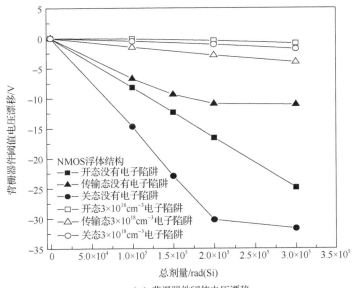

（a）背栅器件阈值电压漂移

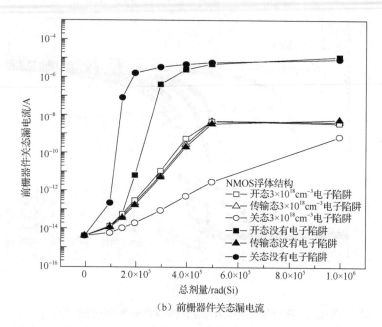

（b）前栅器件关态漏电流

图 4.12　引入电子陷阱后浮体 SOI NMOS 器件特性随辐照总剂量的变化

4.2　电离辐射总剂量效应模型

　　SOI 器件受辐射后，在栅氧化层和埋氧层中激发大量电子-空穴对，逃离初始复合后，由于空穴迁移率较小，被氧化层内的空穴陷阱俘获，形成氧化层陷阱电荷。辐照产生的一部分空穴会与氧化层内部的含氢缺陷（如 Si—H 或 Si—O—H）发生反应，释放质子[19]。由于衬底电子不能通过隧穿将其中和，在 Si/SiO$_2$ 界面附近以质子形式存在的氢与被氢钝化的三价硅悬挂键（PbH）发生界面反应，形成界面态。这两种辐射诱导陷阱电荷的形成将引起 SOI 器件性能的退化。

4.2.1　辐照产生空穴在氧化层中传输

　　在 SOI 器件中，无论是在栅氧化层还是埋氧层中，辐照产生的空穴沿垂直于氧化层界面的方向输运，可用一维连续性方程表示[20]：

$$\frac{\partial p}{\partial t} = -\frac{\partial f_{p,x}}{\partial x} + G_p + R_p \tag{4.10}$$

式中，p 为空穴的浓度（cm^{-3}）；$f_{p,x}$ 为空穴通量；t 为辐照时间（s）；G_p 为空穴的产生率（cm^{-3}·s^{-1}）；R_p 为空穴复合率（cm^{-3}·s^{-1}）。假定器件处于稳态辐照过程，且忽略空穴的复合率，即 R_p=0，那么式（4.10）变为

$$\frac{\partial f_{p,x}}{\partial x} = G_p \tag{4.11}$$

假设将逃逸初始复合后剩余空穴的量称为空穴产额，用 f_y 表示，它与电场强度的关系满足[21]：

$$f_y(E) = \left(\frac{E + E_0}{E + E_c}\right)^m \tag{4.12}$$

式中，$E_0 = Y_0 E_c$。在室温下 $Y_0 = 0.05$，E_c 和 m 参数数值见表 4.1。

表 4.1 E_c 和 m 参数数值

类型	$^{60}C_o$ γ 射线（1.17~1.33MeV）		X 射线（10keV）	
参数	$E_c = 0.5$	$m = 0.7$	$E_c = 1.35$	$m = 0.9$

辐射诱导空穴的产生率 G_p 可以表示为

$$G_p = \dot{D} g_0 f_y(E_x) \tag{4.13}$$

式中，$\dot{D}$ 为辐射剂量率，通过积分得到：

$$f_{p,x} = G_x \cdot x + c \tag{4.14}$$

如果 E_x 为正，利用边界条件 $x=0$（栅/SiO$_2$ 界面）时，$f_{p,x}(0)=0$，得

$$f_{p,x} = G_p \cdot x = \dot{D} g_0 f_y(E_x) \cdot x \qquad E_x > 0 \tag{4.15}$$

如果 E_x 为负，利用边界条件 $x=t_{ox}$（Si/SiO$_2$ 界面）时，$f_{p,x}(t_{ox})=0$，得

$$f_{p,x} = -G_p \cdot (t_{ox} - x) = \dot{D} g_0 f_y(E_x) \cdot (t_{ox} - x) \qquad E_x < 0 \tag{4.16}$$

4.2.2 辐照产生氧化层陷阱电荷

辐照产生的空穴在向 Si/SiO$_2$ 界面输运的过程中，被氧化层内的空穴陷阱俘获，形成辐射诱导氧化层陷阱电荷，可用图 4.13 表示[22]。

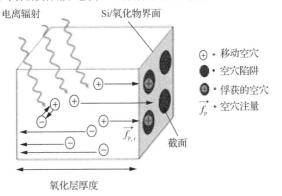

图 4.13 辐照在 SiO$_2$ 中感生空穴的产生、传输和俘获示意图[22]

该过程可描述为[23]

$$\frac{\partial n_{\text{ot}}}{\partial t} = \left(n_{\text{t}} - n_{\text{ot}}\right)\sigma_{\text{p}} \cdot f_{\text{p}} - \frac{n_{\text{ot}}}{\tau_{n_{\text{ot}}}} \tag{4.17}$$

式中，n_{ot} 为俘获的空穴密度（cm^{-3}）；n_{t} 为空穴陷阱密度（cm^{-3}）；σ_{p} 为空穴的俘获截面（cm^{-2}）；f_{p} 为空穴通量；$\tau_{n_{\text{ot}}}$ 为退火时间常数。如果忽略器件的退火效应，式（4.17）可简化为

$$\frac{\partial n_{\text{ot}}}{\partial t} = \left(n_{\text{t}} - n_{\text{ot}}\right)\sigma_{\text{p}} \cdot f_{\text{p}} \tag{4.18}$$

积分后得到辐射诱导陷阱空穴在氧化层中的分布：

$$n_{\text{ot}} = n_{\text{t}} \cdot \left(1 - e^{-\sigma_{\text{p}} g_0 f_y x_{\text{p}} D}\right) \tag{4.19}$$

在辐射时间增加或外加偏压降低的情况下，俘获电荷的量会达到饱和。如果考虑空间电荷效应和电子的补偿作用，那么空穴在向 Si/SiO2 界面输运的过程中，被氧化层内的陷阱俘获形成辐射诱导氧化层陷阱电荷的过程可描述为

$$\frac{\partial n_{\text{ot}}}{\partial t} = \left(n_{\text{t}} - n_{\text{ot}}\right)\sigma_{\text{p}} \cdot f_{\text{p}} - \frac{n_{\text{ot}}}{\tau_{n_{\text{ot}}}} \tag{4.20}$$

式中，$\tau_{n_{\text{ot}}}$ 为退火时间常数。令 $\sigma_{\text{p}} f_y g_0 x_{\text{p}} = k_1$ 为空穴俘获常数，$1/\tau_{n_{\text{ot}}} = k_2$ 为空穴消失常数，式（4.20）变为

$$\frac{\partial n_{\text{ot}}}{\partial t} = \dot{D}\left(n_{\text{t}} - n_{\text{ot}}\right) \cdot k_1 - k_2 n_{\text{ot}} \tag{4.21}$$

积分得到被俘获的空穴在氧化层中的分布：

$$n_{\text{ot}}(t) = \frac{D\dot{k}_1 n_{\text{t}}}{D\dot{k}_1 + k_2} \cdot \left(1 - e^{-\left(D\dot{k}_1 + k_2\right) \cdot t}\right) \tag{4.22}$$

退火后俘获空穴的密度，通过在 $D = 0$ 时求解式（4.21）得到：

$$n_{\text{ot}}(t) = n_{\text{ot}}(t_{\text{r}}) \cdot e^{-k_2(t - t_{\text{r}})} \tag{4.23}$$

式中，$n_{\text{ot}}(t_{\text{r}})$ 为一定总剂量下俘获空穴在氧化层中的分布。

一般情况下，氧化层中陷阱俘获的空穴分布在距界面一定距离的范围内（假设为 x_2），那么，辐射诱导的氧化物陷阱电荷密度可如下表示。

不考虑俘获空穴的退火：

$$\Delta N_{\text{ot}} = \int_{t_{\text{ox}} - x_2}^{t_{\text{ox}}} \frac{x}{t_{\text{ox}}} n_{\text{ot}} dx = n_{\text{t}} \left(1 - e^{-\sigma_{\text{p}} D g_0 f_y x_{\text{p}} t}\right) x_2 \left(1 - \frac{x_2}{2t_{\text{ox}}}\right) \tag{4.24}$$

考虑俘获空穴的退火：

$$\Delta N_{ot} = \int_{t_{ox}-x_2}^{t_{ox}} \frac{x}{t_{ox}} n_{ox} dx = \frac{D\dot{k_1} n_t}{D\dot{k_1} + k_2} \left(1 - e^{-\left(D\dot{k_1}+k_2\right)\cdot t}\right) \cdot x_2 \left(1 - \frac{x_2}{2t_{ox}}\right) \quad （4.25）$$

4.2.3　辐照产生界面态

辐照在 SOI 器件的栅氧化层和埋氧层中产生的空穴，一部分被氧化层中的缺陷俘获形成氧化物陷阱电荷；另一部分可能与氧化层内的含 H 缺陷（DH）相互作用释放出 H$^+$，H$^+$ 缓慢漂移到 Si/SiO$_2$ 界面处，被界面缺陷俘获形成界面态，可用图 4.14 表示[22]。

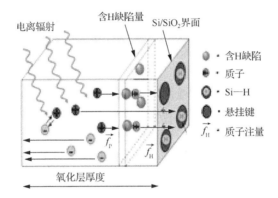

图 4.14　辐照在 Si/SiO$_2$ 界面产生界面态示意图[22]

该过程可描述为[23]

$$\frac{\partial N_{H^+}}{\partial t} = N_{DH}\sigma_{DH}f_p - \frac{\partial f_{H^+}}{\partial x} \quad （4.26）$$

$$\frac{\partial N_{it}}{\partial t} = \left(N_{SiH} - N_{it}\right)\sigma_{it}f_{H^+} - \frac{N_{it}}{\tau_{pb}} \quad （4.27）$$

式中，σ_{it} 为 Si—H 对质子的俘获截面；f_{H^+} 为通过界面的质子流；N_{SiH} 和 N_{it} 分别为 Si—H 密度和界面态密度；τ_{pb} 为界面陷阱电荷的退火时间。假定在 Si/SiO$_2$ 界面处 H$^+$ 没有与来自硅衬底的电子中和，而是直接与 Si—H 反应。在稳态情况下，式（4.26）变形为

$$N_{DH}\sigma_{DH}f_p = \frac{\partial f_{H^+}}{\partial x} \quad （4.28）$$

积分得

$$f_{\mathrm{H}^+} = N_{\mathrm{DH}}\sigma_{\mathrm{DH}}f_{\mathrm{p}} \cdot \frac{x^2}{2} + c \qquad (4.29)$$

利用边界条件 $x=0$（背栅/SiO$_2$界面）时 $f_{\mathrm{H}^+}(0)=0$，得到：

$$f_{\mathrm{H}^+} = Dg_0 N_{\mathrm{DH}}\sigma_{\mathrm{DH}}f_y(E_x) \cdot \frac{x^2}{2} \qquad (4.30)$$

将式（4.30）代入式（4.27）中，且设质子的漂移长度为 x_{H}，并忽略界面态退火，得到：

$$\Delta N_{\mathrm{it}} \approx \frac{1}{2} N_{\mathrm{SiH}}\sigma_{\mathrm{it}} N_{\mathrm{DH}}\sigma_{\mathrm{DH}}g_0 f_y x_{\mathrm{H}}^2 D \qquad (4.31)$$

由式（4.31）可知，辐射诱导界面态（ΔN_{it}）与辐射总剂量 D 呈线性关系。

　　图 4.15 为 0.8μm 工艺部分耗尽型 SOI NMOS 背栅器件的总剂量辐照试验结果。随着辐照总剂量的增加，背栅器件 I-V 曲线发生负向漂移，导致阈值电压减小，其主要原因是辐照在埋氧层及其界面（主要为前界面）感生氧化物陷阱电荷和界面态所致。图 4.16 是辐照感生氧化物陷阱电荷密度和界面态密度随总剂量的变化曲线，其中离散点为试验数据，实线为模型预估数据，氧化物陷阱电荷密度与辐射总剂量存在负指数关系，界面态密度与辐射总剂量之间存在线性关系。

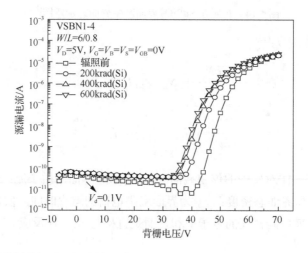

图 4.15　不同总剂量辐照下部分耗尽型 SOI NMOS 背栅器件源漏电流随背栅电压的变化

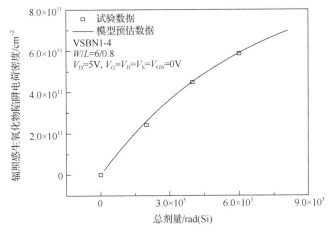

（a）辐照感生氧化物陷阱电荷密度

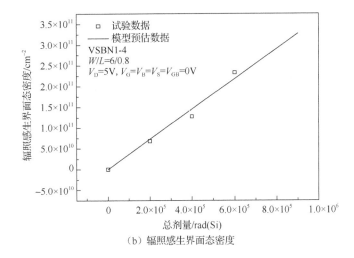

（b）辐照感生界面态密度

图 4.16 辐照感生缺陷电荷密度随总剂量的变化关系

4.3 总剂量辐照后隧穿模型和热激发模型

4.3.1 总剂量辐照后隧穿模型

假设受辐照 SOI 器件在室温环境中主要的电荷损失机理来自氧化层的空穴像隧穿一样直接进入 Si 衬底，氧化层中空穴发生隧穿的概率与 Si/SiO₂ 界面陷阱的距离满足如下关系[24]：

$$p_{\text{tun}} = \alpha e^{-\beta x} \tag{4.32}$$

式中，α 为逃逸频率；β 为隧道结。氧化层中的电荷损失率满足：

$$\frac{\partial p_t(x,t)}{\partial t} = -\alpha e^{-\beta x} p_t(x,t) \tag{4.33}$$

式中，$p_t(x,t)$ 为在氧化层中俘获空穴的密度，它是位置和时间的函数，解微分方程得出：

$$p_t(x,t) = p_t(t_r,x) e^{-\alpha\beta x(t-t_r)} \tag{4.34}$$

式中，$p_t(t_r,x)$ 为辐射后氧化层俘获空穴的密度，它是位置 x 的函数。

4.3.2 总剂量辐照后热激发模型

在高温环境中，氧化层中陷阱空穴被热激发到氧化层价带。一旦进入价带中，空穴就会跳跃到界面进入硅衬底。在氧化层中，陷阱空穴被热激发进入价带的概率通过如下公式给出[24]：

$$p_{em} = F \cdot e^{\frac{E_t q}{kT}} \tag{4.35}$$

式中，E_t 为陷阱和价带底之间能量；q 为电荷量；k 为玻尔兹曼常量；T 为热力学温度；F 为常数。$p_t(E_t,t)$ 为陷阱空穴的贡献，它与陷阱深度和时间有关，氧化层中由于热激发产生的电荷损失率通过以下微分方程进行描述：

$$\frac{\partial p_t(E_t,t)}{\partial t} = -F \cdot e^{\frac{E_t q}{kT}} \cdot p_t(E_t,t) \tag{4.36}$$

解式（4.36）可以得出：

$$p_t(E_t,t) = p_t(t_r,E_t) \cdot e^{-F \cdot e^{\frac{qE_t}{kT}} \cdot (t-t_r)} \tag{4.37}$$

式中，$p_t(t_r,E_t)$ 为辐射后俘获空穴的能量贡献。

图 4.17 为不同退火温度下，非加固浮体 SOI 前栅器件辐照敏感参数随辐照和退火时间的变化，其中图 4.17（a）为阈值电压漂移，图 4.17（b）为关态漏电流。可以看出，阈值电压漂移和关态漏电流随温度升高发生快速退火。图 4.18 为非加固浮体 SOI 器件关态漏电流退火数据的 Arrhenius 曲线[25]，主要显示了漏电流恢复一半的时间与温度的关系。在整个温度范围内，SOI 器件关态漏电流发生退火的激发能为 0.323eV。激发能代表了浅氧化层陷阱的特性，如 E'_δ 中心。

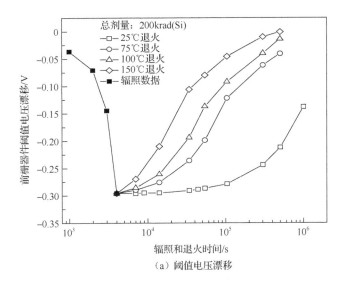

（a）阈值电压漂移

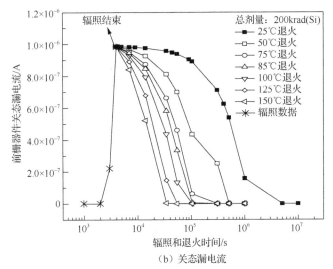

（b）关态漏电流

图 4.17　不同退火温度下非加固浮体 SOI 前栅器件辐照敏感参数随辐照和退火时间的变化

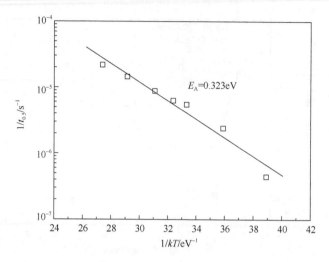

图 4.18　非加固浮体 SOI 器件关态漏电流退火数据的 Arrhenius 曲线

参 考 文 献

[1] BANNA S R, CHAN M, MANSUN C, et al. A unified understanding on fully-depleted SOI NMOSFET hot carrier degradation[J]. IEEE Transactions on Electron Device, 1998, 45(1): 206-212.

[2] KU J B, KERR-WEI S. CMOS VLSI Engineering, Silion-on-Insulator(SOI)[M]. New York: Kluwer Academic Publishers, 1998.

[3] SCHWANK J R, FERLET-CAVOIS V, SHANEYFELT M R, et al. Radiation effects in SOI technologies[J]. IEEE Transactions on Nuclear Science, 2003, 50(3): 522-538.

[4] 黄如, 张国艳, 李映学, 等. SOI CMOS 技术及其应用[M]. 北京: 科学出版社, 2005.

[5] CESTER A, GERARDIN S, PACCAGNELLA A, et al. Electrical stresses on ultra-thin gate oxide SOI MOSFETs after irradiation[J]. IEEE Transactions on Nuclear Science, 2005, 52(6): 2252-2258.

[6] 陈昕. SOI 技术的发展思路[J]. 电子器件, 2010, 33(2): 193-196.

[7] 张晓晨, 岳素格, 李建成. 部分耗尽 SOI 工艺器件辐射效应的研究[J]. 微电子学与计算机, 2012, 29(8): 138-143.

[8] BELYAKOV V V, PERSHENKOV V S, SHALNOV A V, et al. Use of MOS structures for the investigation of low-dose-rate effects in bipolar transistors[J]. IEEE Transactions on Nuclear Science, 1995, 42(6): 1660-1666.

[9] FLEETWOOD D M, RIEWE L C, SCHWANK J R, et al. Radiation effects at low electric fields in thermal, SIMOX, and bipolar-base oxides[J]. IEEE Transactions on Nuclear Science, 1996, 43(6): 2537-2546.

[10] WITCZAK S C, LACOE R C, MAYER D C, et al. Space charge limited degradation of bipolar oxides at low electric fields[J]. IEEE Transactions on Nuclear Science, 1998, 45(6): 2339-2351.

[11] HUANG R, BU W H, WANG Y Y. GeSi source/drain structure for suppression of short channel effect in SOI p-MOSFET's[J]. Chinese Journal of Semiconductors, 2001, 21(2): 121-125.

[12] YOUK G U, KHARE P S, SCHRIMPF R D, et al. Radiation enhanced short channel effects due to multidimensional influence from charge at trench isolation oxides[J]. IEEE Transactions on Nuclear Science, 1999, 46(6): 1830-1835.

[13] FACCIO F, CERVELLI G. Radiation-induced edge effects in deep submicron CMOS transistors[J]. IEEE Transactions on Nuclear Science, 2005, 52(6): 2413-2420.

[14] STAHLBUSH R E, CAMPISI G J, MCKITTERICK J B, et al. Electron and hole trapping in irradiated SIMOX, ZMR, and BESOI buried oxides[J]. IEEE Transactions on Nuclear Science, 1992, 39(6): 2086-2097.

[15] FERLET-CAVROIS V, COLLADANT T, PAILLET P, et al. Worst-ease bias during total dose irradiation of SOI transistors[J]. IEEE Transactions on Nuclear Science, 2000, 47(6): 2183-2188.

[16] LIU S T, BALSTER S, SINHA S, et al. Worst ease total dose radiation response of 0.35μm SOI CMOSFET's[J]. IEEE Transactions on Nuclear Science, 1999, 46(6): 1817-1823.

[17] PAILLET P, SCHWANK J R, SHANEYFELT M R, et al. Comparison of charge yield in MOS devices for different radiation sources[J]. IEEE Transactions on Nuclear Science, 2002, 49(6): 2656-2661.

[18] MRSTIK B J, HUGHES H L, MCMARR P J, et al. Hole and electron trapping in ion implanted thermal oxides and SIMOX[J]. IEEE Transactions on Nuclear Science, 2000, 47(6): 2189-2195.

[19] MRSTIK B J, RENDELL R W. Si-SiO$_2$ interface state generation during X-ray irradiation and during post-irradiation exposure to a hydrogen ambient[MOSFET][J]. IEEE Transactions on Nuclear Science, 1991, 38(6): 1101-1110.

[20] ESQUEDA I S, BARNABY H J, ADELL P C, et al. Modeling low dose rate effects in shallow trench isolation oxides[J]. IEEE Transactions on Nuclear Science, 2011, 58(6): 2945-2952.

[21] SHANEYFELT M R, FLEETWOOD D M, SCHWANK J R, et al. Charge yield for cobalt-60 and 10-keV X-ray irradiations[J]. IEEE Transactions on Nuclear Science, 1991, 38(6): 1187-1194.

[22] HE B P, WANG Z J, SHENG J K, et al. Total ionizing dose radiation effects on NMOS parasitic transistors in advanced bulk CMOS technology devices[J]. Journal of Semiconductors, 2016, 37(12): 124003-1-124003-6.

[23] RASHKEEV S N, CIRBA C R, FLEETWOOD D M, et al. Physical model for enhanced interface-trap formation at low dose rates[J]. IEEE Transactions on Nuclear Science, 2002, 49(6): 2650-2656.

[24] MCWHORTER P J, MILLER S L, MILLER W M. Modeling the anneal of radiation-induced trapped holes in a varying thermal environment[J]. IEEE Transactions on Nuclear Science, 1990, 37(6): 1682-1689.

[25] WITCZAK S C, LACOE R C, OSBOM J V, et al. Dose rate sensitivity of modern nMOSFETs[J]. IEEE Transactions on Nuclear Science, 2005, 52(6): 2602-2608.

第5章　电离辐射总剂量效应模拟试验方法

在空间辐射环境中，电离辐射总剂量的积累是一个比较缓慢的过程。考虑到时间、经费等因素，许多学者研究如何利用地面模拟设备来预估空间辐射环境下的低剂量率辐照效应[1-10]。在试验技术研究方面，人们不断探讨陷阱电荷的时间依赖特性和温度依赖特性，并提出了"加速试验"的概念。虽然不同研究者的试验方法、测试方法不同，但最终的目的都是寻找一种有效预估空间低剂量率辐照效应的试验方法。5.1 节介绍 CMOS 组合逻辑电路总剂量模拟试验中最劣试验条件（辐照过程中输入偏置和辐照后测试输入偏置的一种组合形式）的甄别技术及相关的理论验证等。5.2 节介绍体硅 CMOS 器件电离辐射总剂量效应模拟试验方法，包括美军标 1019.6 试验方法、高剂量率辐照后高温退火循环法及高剂量率辐照室温退火法等。5.3 节介绍双极器件电离辐射总剂量效应模拟试验方法，包括高温辐照和变剂量率辐照两种加速试验方法的产生原理和适用性。

5.1　总剂量试验最劣条件甄别技术

CMOS 组合逻辑电路在总剂量辐射环境中会出现功能失效、传播延迟时间增加、操作频率降低、静态电流增加等问题[11-13]，这些问题在考虑晶体管参数的基础上通过电路模拟是可以预估的。然而当考虑辐射偏置效应时，组合逻辑电路的模拟会变得越来越困难。另外，虽然美军标 MIL-STD-883 1019.6 方法[14]强调在辐射考核试验中要使用最劣辐射偏置条件，但 CMOS 组合逻辑电路的最劣辐射偏置条件不容易获得，在实际试验操作中最劣辐射偏置条件的使用因人而异，导致抗辐射评估结果多种多样。

5.1.1　总剂量失效分析

图 5.1 为反相器的总剂量辐照试验结果。可以看出，输出高电平电压 V_{oh} 和转换电压 V_s 参数随着总剂量的增加而降低，而且输入逻辑"1"是反相器损伤的最劣辐照偏置条件。

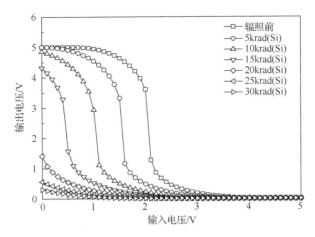

图 5.1　反相器的总剂量辐照试验结果

在图 5.2 中的两级串联反相器电路中，节点 n 的逻辑值由驱动门输出电压（V_{oh} 或 V_{ol}）和被驱动门转换电压 V_s 决定：如果 $V_{oh} > V_s$，节点 n 的逻辑值表现为逻辑 "1"；如果 $V_{ol} < V_s$，节点 n 的逻辑值表现为逻辑 "0"。

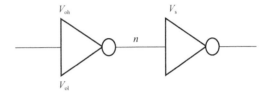

图 5.2　具有节点 n 的两级串联反相器

在总剂量辐射环境中，如果驱动门的 V_{oh} 退化到小于被驱动门的 V_s 时，节点 n 就会表现出逻辑失效。节点 n 驱动门的 V_{oh}、V_{ol} 和被驱动门的 V_s 依赖于反相器 NMOS 和 PMOS 晶体管的增益比 $k_r = k_n/k_p$，其中 k_n 和 k_p 分别为 NMOS 和 PMOS 晶体管的宽长比，而驱动门和被驱动门 k_r 的大小会影响节点 n 的总剂量失效水平。在图 5.3 的电路结构中（假设 NMOS 和 PMOS 晶体管的沟道长度相同），如果输入条件 X_0 和 X_1 相同，比较节点 3 和 5，驱动门 k_r 值越大，失效剂量越小；比较节点 6 和 7，被驱动门 k_r 值越小，失效剂量越小。

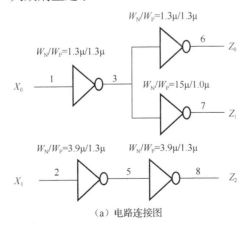

（a）电路连接图

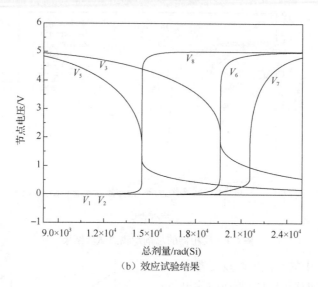

（b）效应试验结果

图 5.3   电路连接图及效应试验结果

5.1.2   总剂量诱导逻辑失效的激发条件及节点敏感性

多输入 CMOS 门电路（如或非门、与非门等）是由多个 NMOS 和 PMOS 晶体管对遵循一定的原则组成。对于 NMOS 逻辑块，遵循"与串或并"的规律；对于 PMOS 逻辑块，遵循"或串与并"的规律。辐照时输入偏置采用逻辑"1"（NMOS 晶体管开态）能激发出 NMOS 晶体管的最大总剂量效应，测试时输入偏置采用逻辑"0"（NMOS 晶体管关断）能显示出电离辐射总剂量效应引起的失效。因此，能激发并反映总剂量诱导 CMOS 电路逻辑失效的偏置状况必须满足以下三个条件：

（1）至少存在一个 NMOS 晶体管在辐照过程中处于导通状态，并在测试过程中处于截止状态；

（2）由于针对的是逻辑错误，所以待考察的节点在测试中需要设定为输出逻辑高电平；

（3）保证与被测 NMOS 晶体管并联的 NMOS 晶体管关断，串联的 NMOS 晶体管闭合，从而建立电源和地之间被测 NMOS 晶体管的漏电流路径。

假设有一个 m 输入的 CMOS 逻辑门，用 $I=(I_1, I_2, \cdots, I_m)$ 和 $P=(P_1, P_2, \cdots, P_m)$ 分别代表辐照时和辐照后的输入设置，其中 $I_j \in \{0,1\}$，$P_j \in \{0,1\}$。那么，驱动门满足激发逻辑失效条件 E 可以表示为[15]

$$E_{\text{INV}} = \left(I_1 \overline{P_1} \right) \tag{5.1}$$

$$E_{\text{NOR2}} = \left(I_1 + I_2 \right) \overline{P_1} \, \overline{P_2} \tag{5.2}$$

$$E_{\text{NAND2}} = \left(I_1 \overline{P}_1 P_2 + I_2 P_1 \overline{P}_2 + I_1 I_2 \overline{P}_1 \overline{P}_2 \right) \tag{5.3}$$

对于图 5.2 所示的电路而言，如果节点 n 驱动门的辐照输入偏置为"1"，那么被驱动门的辐照输入偏置则为逻辑"0"，这时被驱动门 V_s 的电离辐射总剂量效应可以忽略，节点 n 的相对辐射敏感性主要由驱动门确定。将多输入 CMOS 门电路看作一个具有等效沟道宽度（假设所有晶体管的沟道长度相同）的反相器进行处理，则节点 n 的失效敏感因子可以通过下式表示[16]：

$$\text{INV} \qquad S(I,P)^n = E_{\text{INV}} \times \frac{W_{\text{N}}}{W_{\text{P}}} \tag{5.4}$$

$$\text{NOR} \qquad S(I,P)^n = E_{\text{NOR}m} \times \frac{\displaystyle\sum_{\substack{i=1 \\ I_i \overline{P}_i = 1}}^{m} W_{\text{N}}^i}{1 \Big/ \displaystyle\sum_{i=1}^{m} 1 \Big/ W_{\text{P}}^i} \tag{5.5}$$

$$\text{NAND} \qquad S(I,P)^n = E_{\text{NAND}m} \times \frac{1 \Big/ \displaystyle\sum_{i=1}^{m} 1 \Big/ W_{\text{N}}^i}{\displaystyle\sum_{\substack{i=1 \\ I_i \overline{P}_i = 1}}^{m} W_{\text{P}}^i} \tag{5.6}$$

假设电路中每个节点具有最大辐射敏感因子 $S_{\max}$，且同一类型门电路中晶体管的 W_{N}、W_{P} 相同，那么：

$$\text{INV} \qquad S_{\max} = \frac{W_{\text{N}}}{W_{\text{P}}} \tag{5.7}$$

$$\text{NOR} \qquad S_{\max} = m^2 \times \frac{W_{\text{N}}}{W_{\text{P}}} \tag{5.8}$$

$$\text{NAND} \qquad S_{\max} = \frac{1}{m^2} \times \frac{W_{\text{N}}}{W_{\text{P}}} \tag{5.9}$$

5.1.3　总剂量最劣条件产生方法

由于节点的辐射敏感性依赖于所加的试验偏置条件，同一节点加不同的试验偏置会得到不同的失效剂量。总剂量最劣条件是辐照过程中输入偏置和辐照后测试输入偏置的一种组合形式，能够最大激发并反映总剂量诱导的失效。以图 5.4 的电路内部结构为例，计算不同节点的最大辐射敏感因子如表 5.1 所示。从表 5.1 中得到节点 5 是该电路的最敏感节点。针对最敏感节点 5，建立其能激发和反映出电离辐射总剂量效应的试验条件。

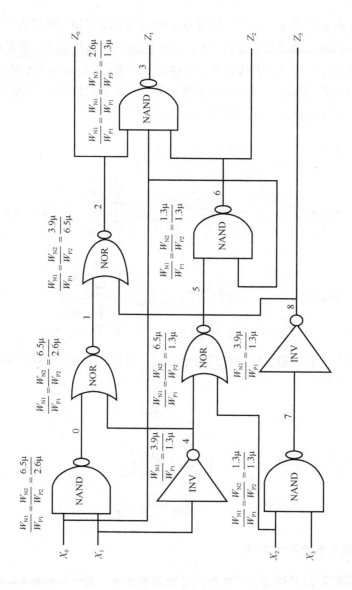

图 5.4　电路内部结构图

表 5.1　不同节点的最大辐射敏感因子

节点	0	1	2	3	4	5	6	7	8
S_{max}	0.625	10	2.4	0.22	3	20	0.25	0.25	3

节点 5 的最大激发和观察条件：①节点 5 驱动门（或非门）辐照时输入偏置应为 $I_5^a=[11]$，测试时输入偏置应为 $P_5^b=[00]$；②为了避免节点 5 的被驱动门（与非门）对驱动门辐射效应的影响，设定节点 5 被驱动门的辐照输入偏置 $I_5^b=[00]$；③为了能够在 Z_2 观察到辐射效应现象 D，保证与被测 NMOS 晶体管串联的 NMOS 晶体管闭合，节点 5 被驱动门的测试输入偏置 $P_5^b=[D1]$。通过分析，满足以上条件的辐照输入偏置有四种，测试输入偏置有两种，如表 5.2 所示。

表 5.2　节点 5 的最劣试验条件

辐照时输入偏置 $t_i=[x_3x_2x_1x_0]$	测试时输入偏置 $t_p=[x_3x_2x_1x_0]$
[0100]，[0101]，[1100]，[1101]	[0011]，[1011]

5.1.4　CMOS 电路电离辐射总剂量效应建模

1. 辐照感生氧化物陷阱电荷模型

在 MOS 器件栅氧化层中，辐照感生空穴的输运可用一维连续性方程表示[17]：

$$\frac{\partial p}{\partial t}=-\frac{\partial f_{p,x}}{\partial x}+G_P-R_P \tag{5.10}$$

式中，p 为空穴的浓度（cm^{-3}）；$f_{p,x}$ 为空穴通量；t 为辐照时间（s）；R_P 为空穴复合率（cm^{-3}/s）；G_P 为空穴产生率（cm^{-3}/s），可表示为

$$G_P=\dot{D}g_0f_y(E) \tag{5.11}$$

假定器件处于稳态辐照过程并忽略空穴的复合率，式（5.10）可变为

$$\frac{\partial f_{p,x}}{\partial x}\approx \dot{D}g_0f_y(E) \tag{5.12}$$

式中，$\dot{D}$ 为辐射剂量率；逃逸初始复合后剩余空穴的量称作空穴产额，用 f_y 表示，与电场强度的关系[18]可表示为

$$f_y(E)=\left(\frac{E+E_0}{E+E_c}\right)^m \tag{5.13}$$

式中，$E_0 = Y_0 E_c$，在室温下 $Y_0 = 0.05$，且 $E_c = 0.5$，$m = 0.7$，对式（5.12）积分得

$$f_{p,x} = \dot{D} g_0 f_y (E) \cdot t_{ox} \tag{5.14}$$

空穴在向 Si/SiO$_2$ 界面输运的过程中会被氧化层内的陷阱所俘获，形成氧化物陷阱电荷，该过程可描述为[19]

$$\frac{\partial N_{ot}}{\partial t} = \left[N_T - N_{ot}(t) \right] \sigma_p \cdot f_{p,x} - \frac{N_{ot}(\tau)}{\tau} \tag{5.15}$$

式中，N_{ot} 为俘获的空穴密度（cm^{-2}）；N_T 为空穴陷阱密度（cm^{-2}）；σ_p 为空穴的俘获截面（cm^2）；$f_{p,x}$ 为空穴通量；τ 为俘获空穴的消失常数。假设氧化物陷阱电荷没有达到饱和、没有发生退火、空穴陷阱密度远大于俘获空穴密度，式（5.15）变为

$$\nabla N_{ot} \approx N_T \cdot \sigma_p \cdot \dot{D} \cdot \Delta t \cdot g_0 \cdot f_y \cdot t_{ox} \tag{5.16}$$

2. 辐照感生界面态模型

空穴在输运过程中，会被氧化层中的陷阱俘获形成氧化物陷阱电荷；还可能与氧化层内的含 H 缺陷 DH 相互作用释出 H$^+$，H$^+$ 缓慢漂移到 Si/SiO$_2$ 界面处，被界面缺陷俘获形成界面态，该过程可描述为[19]

$$\frac{\partial H}{\partial t} = N_{DH} \sigma_{DH} \cdot f_p - \frac{\partial f_H}{\partial x} \tag{5.17}$$

$$\frac{\partial N_{it}}{\partial t} = \left[N_{SiH} - N_{it}(t) \right] \sigma_{it} \cdot f_{H^+} - N_{it}(t) / \tau_{it} \tag{5.18}$$

式中，σ_{it} 为 Si—H 对质子的俘获截面；f_H 为通过界面的质子流；N_{SiH} 和 N_{it} 分别为 Si—H 密度和界面态密度；τ_{it} 为界面陷阱电荷的退火时间。假定在 Si/SiO$_2$ 界面处 H$^+$ 没有与来自硅衬底的电子中和，而是直接与 Si—H 反应。在稳态情况下，式（5.17）变形并积分得

$$f_H \approx N_{DH} \cdot \sigma_{DH} \cdot \dot{D} \cdot g_0 \cdot f_y \cdot t_{ox} \tag{5.19}$$

假设界面态没有达到饱和，也没发生退火，且 N_{SiH} 密度远大于 N_{it} 俘获的空穴密度，式（5.18）变为

$$\Delta N_{it} \approx N_{SiH} \cdot \sigma_{it} \cdot N_{DH} \cdot \sigma_{DH} \cdot g_0 \cdot f_y \cdot t_{ox} \cdot \dot{D} \cdot \Delta t \tag{5.20}$$

5.1.5　CMOS 电路总剂量最劣试验条件 HSPICE 仿真验证

基于总剂量辐照物理模型，对图 5.4 的组合逻辑电路的电离辐射总剂量效应进

行 HSPICE 理论模拟，包括辐射输入偏置和测试输入偏置所有可能组合（256 种）下的效应。获得了每种组合下所有节点的总剂量失效阈值，发现节点 5 总剂量失效阈值最小，试验条件为辐照时输入偏置 t_i=[0100]、[0101]、[1100]和[1101]，测试时输入偏置 t_p=[0011]和[1011]，二者共八种组合。图 5.5 为两种最劣试验条件（辐射输入和测试输入）下 HSPICE 的模拟结果。虽然两种试验条件不同，但节点 5 的失效剂量相同且最小。

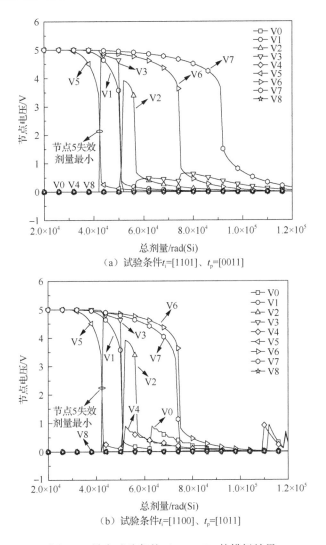

图 5.5　最劣试验条件下 HSPICE 的模拟结果

5.2　体硅 CMOS 器件电离辐射总剂量效应
模拟试验方法

　　在空间抗辐射领域长时间的研究过程中，目前已形成了抗辐照测试的多种模拟试验方法，如美军标的 MIL-STD-883、Test Method 1019.6 方法和欧洲航天局的 ESA/SCC（BS）No.22900 方法等。由于 CMOS 器件电离辐射总剂量效应受辐照剂量率的影响，可能会使得实验室评判得到的器件抗辐照能力与空间辐照环境下的实际抗辐照能力严重不符，从而对卫星电子系统的可靠性产生极大隐患。因此，如何在实验室条件下进行辐照试验来模拟空间辐照效应，预测器件在空间受到的损伤行为和性能退化情况是一项具有现实意义的工作。

　　CMOS 器件的电离辐射总剂量效应受辐照总剂量、剂量率、温度等条件的影响。图 5.6 为 XC2S100CS144 FPGA 器件辐照总剂量为 150krad(Si) 时，内核功耗电流随辐照和退火时间的变化。器件从辐照前的 29.05mA 增加到辐照后的 529mA，而且经过 24h 的退火，内核功耗电流降低为 57.6mA，因此该 FPGA 器件具有快速退火的特性。

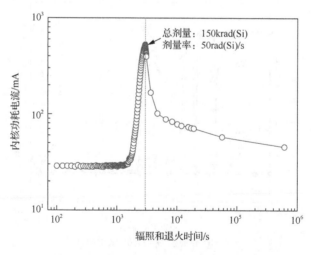

图 5.6　内核功耗电流随辐照和退火时间的变化

　　图 5.7 为 XC2S100CS144 FPGA 器件内核功耗电流随辐照总剂量的变化。在 50rad(Si)/s 高剂量率辐照下，内核功耗电流发生显著增加的总剂量为 80krad(Si) 以

上。假设器件内核限定的电流规范值为 100mA，那么器件发生失效的总剂量大约为 110krad(Si)。50rad(Si)/s 的高剂量率辐照后附加室温退火能够很好地反映低剂量率 0.5rad(Si)/s 的辐照情况，二者表现出很好的一致性。50rad(Si)/s 高剂量率辐照后附加室温退火与 0.5rad(Si)/s 剂量率辐照下，FPGA 器件的失效总剂量约为 200krad(Si)。相对单纯的高剂量率辐照，失效总剂量增加达 100%。增加室温偏置退火时，具有高退火率试验器件的失效总剂量增加 10 倍多，表明辐射诱导电荷的退火加速了这些器件的恢复。美军标 1019.6 总剂量试验方法中在高剂量率辐照后增加了室温退火效应，使得在评估由氧化物陷阱电荷引起的失效时显得不太保守。在附加 50% 的辐射总剂量和 100℃、168h 的退火时，器件内核功耗电流在 200krad(Si) 总剂量范围内没有发生显著增加。

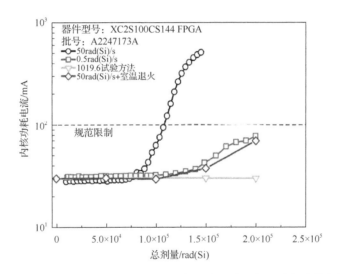

图 5.7　XC2S100CS144 FPGA 器件内核功耗电流随辐照总剂量的变化

图 5.8 为不同剂量率辐照下，XC2S100CS144 FPGA 器件内核功耗电流随总剂量的变化关系。相同总剂量下，不同剂量率对器件的辐照响应不一样。这表明氧化物陷阱电荷的产生、退火以及界面态之间的相互作用对作为剂量率函数的电流影响很大，而且在低剂量率情况下，器件的抗辐射性能有明显的提高。

为了定量模拟空间低剂量率辐照效应，减少总的辐照试验时间和 ^{60}Co 源的占用时间，下面给出几种采用分析技术与简单测量相结合的模拟方法。

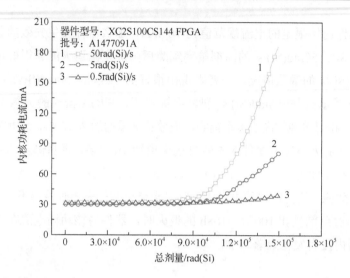

图 5.8　不同剂量率辐照下 XC2S100CS144 FPGA 器件内核功耗电流随总剂量的变化关系

5.2.1　高剂量率辐照高温退火循环法

采用多次小的总剂量、高剂量率辐照，每次辐照后进行 100℃高温退火来模拟低剂量率效应。每一个辐照退火周期结束时将很大一部分氧化物陷阱电荷通过退火释放掉，再次辐照，观察新生陷阱电荷对功耗电流的影响（图 5.9）。从图中可以看出，每一次辐照 $5×10^4$rad(Si)后进行 100℃高温退火 5min 后再次辐照，在辐照 100krad(Si)总剂量后，单位剂量产生的功耗电流的增量几乎保持在 10^{-2} 左右。这说明产生的陷阱电荷已经饱和，每一次辐照新生陷阱电荷对功耗电流的影响是可以忽略的。

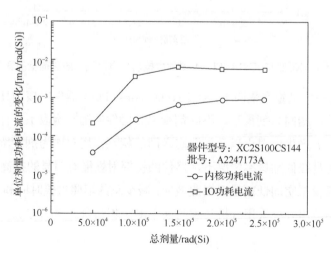

图 5.9　新生陷阱电荷对功耗电流的影响

图 5.10 为 XC2S00CS144A 器件高剂量率辐照高温退火循环法与低剂量率辐照的比较。器件在 50rad(Si)/s 高剂量率下进行多次总剂量 5×10⁴rad(Si)辐照，且每次辐照后进行 100℃　5min 的退火，并与 0.5rad(Si)/s 连续辐照结果比较。高剂量率辐照后采用高温退火能够促使器件参数发生快速恢复，这主要是因为升高温度加速了正的氧化物电荷的退火，使得俘获的空穴从 SiO₂ 禁带向价带的热发射被加速。这种加速模拟方法的辐照高剂量率可以任意选取，每一次辐照的小的总剂量可以是任意值，只是在试验前需要确定高温退火的最佳时间。在模拟中每一步较小的总剂量对应较短的辐照时间，两次辐照之间的高温退火减少了模拟所需要的时间。该方法试验周期短，而且能提供敏感参数与总剂量变化的完整曲线。

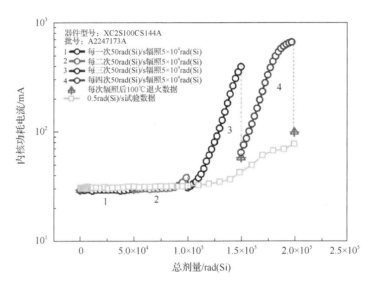

图 5.10　XC2S00CS144A 器件高剂量率辐照高温退火循环法与低剂量率辐照的比较

具体试验步骤如下。

（1）高剂量率辐照试验：按照军标规定的剂量率在 50～300rad(Si)/s 内任选一高剂量率进行多次小的总剂量、高剂量率辐照。

（2）每步辐照后的高温退火试验：每次小的总剂量辐照后进行 100℃高温退火试验。如果器件经过辐照后功能发生失效，则无需进行高温退火，器件被淘汰；若只有器件的参数退化，则要进行高温退火。高温退火条件：①最恶劣偏置；②温度 100℃±5℃。

（3）高温退火时间 t 的确定：在进行低剂量率模拟前，需要做一个小试验来测定每次高温退火的最佳时间 t，试验是在高剂量率下辐照两个样品，一个样品室温退火，退火时间 T_1 由下式确定：

$$T_1=\{每次辐照的总剂量[rad(Si)]/低剂量率[rad(Si)/s]\}$$

测量样品在 T_1 时刻敏感参数的变化为ΔM。另一个样品在 100℃时退火，测量敏感参数随时间的变化为 $ΔM_{100}℃$，它是退火时间的函数。那么，在模拟试验中每次 100℃退火时间 t 是由 $ΔM_{100}℃=ΔM$ 来确定的。

（4）每步辐照退火后进行电参数测量。

（5）绘出敏感参数与总剂量变化的完整曲线。

5.2.2　高剂量率辐照室温退火法

图 5.11 为 XC2S100CS144 器件内核功耗电流随辐照和退火时间的变化，辐照剂量率分别为 50rad(Si)/s 和 0.5rad(Si)/s，其中高剂量率辐照总剂量 150krad(Si)后进行室温退火。可以看出，在辐照总剂量相同的情况下，高剂量率辐照外加室温退火在相同时间下与低剂量率效应一致。

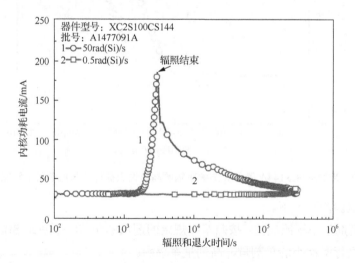

图 5.11　XC2S100CS144 器件内核功耗电流随辐照和退火时间的变化

基于以上结论，利用 50rad(Si)/s 高剂量率辐照数据来模拟 0.5rad(Si)/s 的辐照效应，要求辐照后器件在相同偏置下进行室温退火，退火时间要求和 0.5rad(Si)/s 剂量率辐照相同总剂量所需时间一致，结果如图 5.12 所示。高剂量率辐照外加室温退火与低剂量率辐照效应符合得很好，也就是说，高剂量率辐照外加室温退火能够很好地反映低剂量率辐照结果，能够比较真实地评估低剂量率的辐照变化。由于多次采用较小总剂量辐照然后室温退火，因此平均剂量率很低。这就允许使用高剂量率的 ^{60}Co 源进行模拟，所花的时间与实际低剂量率辐照所花的时间一样，仅仅节约了辐照成本，但能够提供敏感参数随总剂量的变化关系曲线。

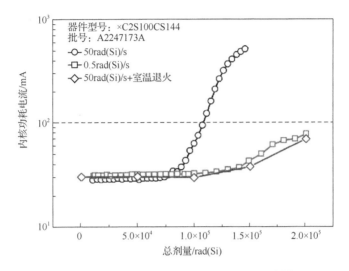

图 5.12　高剂量率辐照外加室温退火试验结果

具体试验步骤如下。

（1）高剂量率辐照试验。

按照军标规定的剂量率，在 50～300rad(Si)/s 内任选一高剂量率进行多次小的总剂量辐照，直到试验方案中规定的总剂量。

（2）每步辐照后的室温退火试验。

每步小的总剂量辐照后进行 25℃室温退火试验。如果器件经过辐照后功能发生失效，则无需进行室温退火，器件被淘汰；若只有器件的参数退化，则要进行室温退火。

室温退火条件：①最恶劣偏置；②温度为 25℃±5℃。

（3）每步室温退火时间 t 的确定：

$$t =\{每步辐照总剂量[rad(Si)]/低剂量率[rad(Si)/s]\}$$

（4）每步室温退火后进行电参数测量。

（5）绘出敏感参数与总剂量变化的完整曲线。

5.2.3　高剂量率辐照变温退火法

加速试验研究的原则是寻求一种能够等效真实任务的快速方法。加速试验研究的目的是能够在短时期内预估器件的长期行为，必须基于几个基本假设：①辐射过程（氧化物电荷被陷阱俘获）和热退火过程（氧化物电荷逃离陷阱）所引起依赖时间的效应是独立发生的，并具有一定的竞争性；②俘获率与剂量率成正比；③逃脱概率遵循 Arrhenius 定律。在上述假设下，经过短时高温退火和长期恒温退火后所得到的净陷阱电荷有可能相同。将等时退火看作是一系列温度阶梯上升的短时等温退火，但等时退火所测量的是不同温度短时间内所引起的参数变化，而等温退火则注重时间常量。

进行等时退火试验需满足几个基本条件（图 5.13）：①器件达到退火温度的时间 t_u 和器件冷却到室温的时间 t_d 相对于退火时间 t_a 较小，对于密度函数 $n(t)$ 的下降，退火时间 t_a 起主要作用；②室温下的测量时间 t_m 对参数影响不大；③经过一系列相等时间周期的退火，在室温下测量参数变化。在上述条件均成立的前提下，等时退火可近似为线性温度上升的过程。等时退火的加热率为 $C_1 = \Delta T / t_a$。

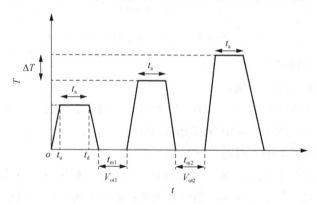

图 5.13　等时退火温度变化示意图

图 5.14 为 XC2S100CS144 器件高剂量率辐照后变温退火恢复情况。升高温度加速了正的氧化物陷阱电荷的退火，使得俘获的空穴从 SiO_2 禁带向价带的热发射被加速。界面态的产生和退火与温度也有较强的依赖关系，它随器件的工艺、时间及陷阱密度的不同而变化。一般而言，辐照感生的界面态在 100℃ 以下的温度不会引起退火，只有当温度高于 175℃ 时才会有大量界面态退火的现象出现。由此可知，辐照后的变温退火之所以会使电路的辐照损伤发生快速恢复，一方面是由于升高温度加速了氧化物陷阱电荷的退火；另一方面升高温度使氧化物陷阱电

荷形成的空间电场减弱，致使更多的空穴和 H^+ 可以通过空间电荷的阻碍到达 Si/SiO_2 界面形成界面态，从而使辐射损伤明显恢复。

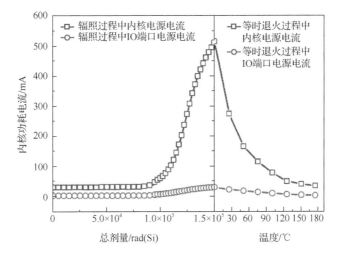

图 5.14　XC2S100CS144 器件高剂量率辐照后变温退火恢复情况

图 5.15 为 XC2S100CS144 器件在 150krad(Si)总剂量辐照后，25℃和 100℃等温退火与 25～175℃等时退火的比较，辐照剂量率为 50rad(Si)/s。可以看出，在 17min 以内 100℃发生退火最快，等时退火介于 100℃和 25℃之间。在 17min 之后，100℃和 25℃退火恢复较慢，等时退火恢复较快，在 30 多分钟的时间就可达到

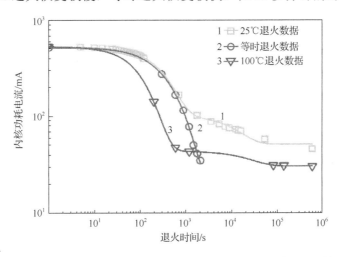

图 5.15　XC2S100CS144 器件在 150krad(Si)总剂量辐照后 25℃和 100℃等温退火与
25～175℃等时退火的比较

100℃ 168h 的恢复结果，更大地发挥了辐照恢复作用，因而使加速模拟效果更为显著。由于辐照加等时退火在2h内即可完成全部试验，而标准程序 MIL-STD 883 1019.6 和 ESA22900 中规定的 100℃ 168h 的退火试验，所需的时间长、耗资大，等时退火除了有周期短、耗资少等特点外，它还能够提供试验器件的更多物理信息。因此，等时退火不仅效果可与等温退火相媲美，而且具有试验时间大大缩短的优势。当然为了验证等时退火是否具有更普遍的意义，还需做更多的试验，并不断地加以完善和补充。

5.3　双极器件电离辐射总剂量效应模拟试验方法

适用于低剂量率辐射损伤增强（ELDRS）效应的地面模拟试验方法主要包括了室温低剂量率辐照、高剂量率辐照后高温退火、高温辐照、变剂量率辐照等，其中高温辐照和变剂量率辐照方法是当前国内外研究最多的加速试验方法。

5.3.1　高温辐照加速试验方法

1. 辐射损伤与辐照温度的关系

图 5.16 为典型双极集成电路输入偏置电流在不同辐照温度下的变化规律。器件辐射损伤存在一个最大值。图 5.17 为国外文献中 LPNP 的过量基极电流在不同辐照温度下的变化结果。

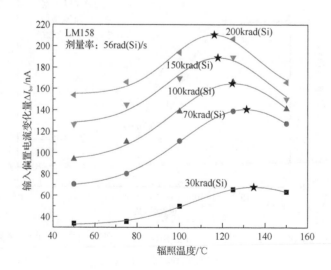

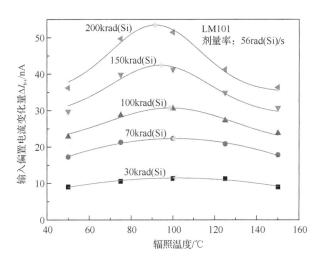

图 5.16　典型双极集成电路输入偏置电流在不同辐照温度下的变化

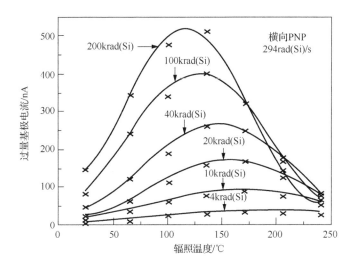

图 5.17　LPNP 的过量基极电流在不同辐照温度下的变化[20]

2. 最佳退火温度与辐照总剂量、剂量率的关系

定义同一总剂量时，不同辐照温度下的最劣辐照损伤所对应的辐照温度为最佳辐照温度。图 5.18 为不同器件的最佳辐照温度与总剂量的关系，器件最佳辐照温度随总剂量的增加而减小，且在相同总剂量时，剂量率越高，高温辐照的最佳辐照温度也越高。

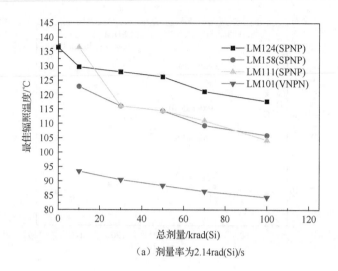

（a）剂量率为2.14rad(Si)/s

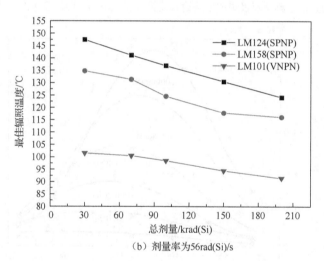

（b）剂量率为56rad(Si)/s

图 5.18　不同器件的最佳辐照温度与总剂量的关系

3. 高温辐照加速试验效果

图 5.19 为典型双极集成电路 100℃时不同剂量率加速试验结果与 0.01rad(Si)/s 试验数据。

LM158、LM111 和 LM101 的低剂量率（0.01(Si)/s）辐照损伤比 2 rad(Si)/s 100℃ 高温辐照损伤结果弱，而 LM124 的低剂量率辐照损伤比其高温辐照损伤结果 强。这主要是由于 LM124 的最佳辐照温度在 120～135℃，远大于 100℃。采用 100℃高温辐照难以达到有效的加速效应，因此需要采用更低的剂量率或更高的辐照温度。由此可见，不同的集成电路类型需要采用不同的辐照温度及剂量率才能实现对低剂量率下辐照损伤的保守估计，这无疑使高温辐照试验方法更加难以普适，为此，美国 ASTM F1892 标准中增加了参数裕度因子，即要求辐照指定总剂量后，辐射敏感参数值与参数裕度因子的乘积满足电参数规范，建议参数裕度因子为 3。

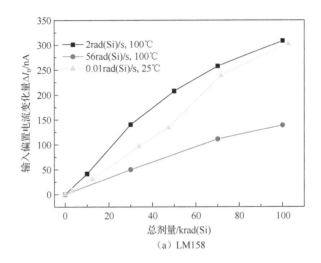

（a）LM158

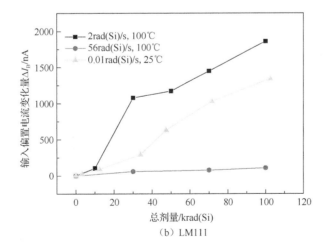

（b）LM111

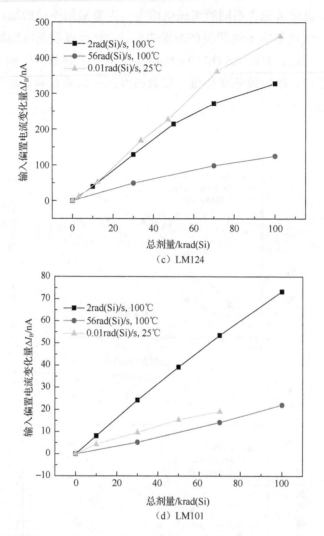

（c）LM124

（d）LM101

图 5.19　典型双极集成电路 100℃时不同剂量率加速试验结果与 0.01rad(Si)/s 试验数据

4. 高温辐照加速试验方法数值模拟

1）温度对载流子迁移率与扩散系数的影响

电子、空穴的迁移率与温度的关系表示为

$$\mu = \mu_0 \left(\frac{T}{T_0} \right)^{-\zeta} \tag{5.21}$$

式中，μ_0 为电子与空穴在室温下的迁移率；T 为辐照温度；T_0=300K；ζ 为因子，对于电子为 2.5，空穴为 2.2。

2）温度对 H^+、H 和 H_2 迁移率的影响

H^+、H 和 H_2 的迁移率与温度的关系表示为[21]

$$\mu = \mu_0 \exp\left(-\frac{E}{kT}\right) \qquad (5.22)$$

式中，E 为扩散或迁移所需克服的活化能，其中 $E_{H^+}^0$ =0.7eV、E_H^0 =0.2eV、$E_{H_2}^0$ =0.45eV。

3）温度对俘获或复合系数的影响

由于俘获系数可表示为俘获截面与载流子热速度的乘积，而载流子热速度[22]与温度的关系为 $v_{th} \propto (T/T_0)^{0.5}$。假设俘获截面与温度无关，则俘获系数 $A=A_0(T/T_0)^{0.5}$，其中 A_0 为温度为 300 K 时的俘获系数。

4）温度所致的界面陷阱退火

根据化学反应理论，界面陷阱反应速率与温度的关系可用与氧化物陷阱电荷退火完全相同的 Arrhenius 定律表示，$R_{N_{it}}$ 可表示为

$$R_{N_{it}} = N_{it} \exp\left(-\frac{E_{it}}{kT}\right) \qquad (5.23)$$

式中，E_{it} 为界面陷阱退火所需的反应能，取 E_{it}=1.35eV。

图 5.20 为辐照总剂量 50krad(Si)时，不同温度下辐射感生产物与剂量率的相互关系仿真结果。高剂量率高温辐照使器件的辐照损伤更加严重，且与辐照温度正相关；在极低剂量率下，高温使辐照损伤更小。因此，在温度一定的情况下，存在一个最劣辐照剂量率，在该剂量率下辐照损伤最大。

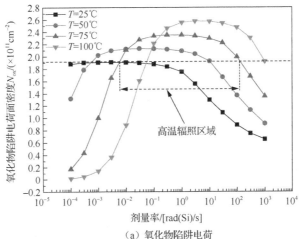

(a) 氧化物陷阱电荷

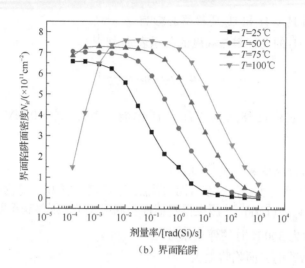

（b）界面陷阱

图 5.20 辐照总剂量 50 krad(Si)时不同温度下辐射感生产物
与剂量率的相互关系仿真结果

从图 5.20 中看出，在温度为 75℃时，在图中所注的高温辐照区域内选择任一剂量率，进行高温辐照就可使辐照感生的氧化物陷阱电荷大于极低剂量率下的，从而达到加速的目的。温度不同时，可用于高温辐照的剂量率范围也不同。由于氧化物陷阱电荷激发能与界面陷阱钝化能的差异，可用于界面陷阱与氧化物陷阱电荷的剂量率范围也有差异。因此，必须在温度、剂量率的二维矩阵中选择合适的范围，才能达到同时促进氧化物陷阱电荷及界面陷阱生长的目的。

图 5.21 的左边纵轴为总剂量为 100krad(Si)时单位时间内氧化物陷阱电荷热激发与俘获的比例（热激发率），右边纵轴为单位时间内空穴逃逸出直接复合和 SRH 复合的比例（空穴逃逸率）。可以看出，热激发和俘获的比例与剂量率负相关，与辐照温度正相关。在温度足够高或剂量率足够低时，单位时间内俘获空穴的陷阱全部热激发，导致低剂量率高温辐照时，氧化物陷阱电荷密度变小。在高剂量率时，高温导致空穴及电子的迁移率减小，使空穴与电子被陷阱俘获的概率增大，SRH 复合概率、空穴浓度及空间电场均增加，最终导致在相同剂量率和总剂量时，高温辐照的损伤更为恶劣。因此，在低剂量率时，氧化物陷阱电荷的热激发占主导，导致氧化物陷阱电荷的退火；高剂量率时，氧化物陷阱对空穴的俘获占主导，导致氧化物陷阱电荷密度增大。

高温辐照时，界面陷阱在低剂量率下的退火机理与氧化物陷阱电荷的热激发类似。高温长时间的辐照，使界面陷阱有更大的概率克服反应能，与边界处的 H_2 反应，使得界面陷阱钝化，从而导致界面陷阱的退火。由于其反应能一般大于氧化物陷阱电荷的激发能，因此界面陷阱需要在更高的温度时才发生退火。

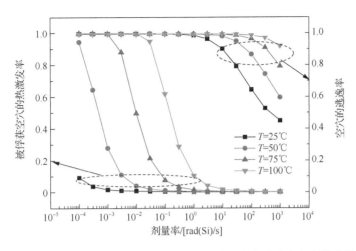

图 5.21　不同温度时氧化物陷阱电荷热激发率、空穴逃逸率与剂量率曲线

图 5.22 为辐射射感生产物随辐照温度的变化曲线。在剂量率不变时，辐照损伤先随温度的升高而增大，后随温度的升高而快速减小。若定义辐照损伤最大时对应的温度为最佳辐照温度，则在该温度下辐照能得到器件辐照损伤的最劣值，可以实现对器件抗辐射性能的保守估计。存在最佳辐照温度的原因主要是俘获与热激发的竞争。由于界面陷阱退火所需的反应能大于氧化物陷阱电荷的热激发能。因此，相同情况下，氧化物陷阱电荷的最佳辐照温度小于界面陷阱。

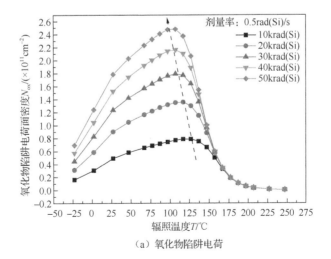

（a）氧化物陷阱电荷

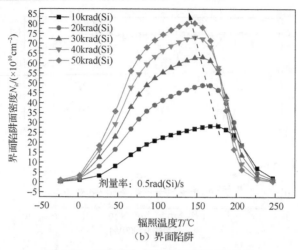

（b）界面陷阱

图 5.22　辐射感生产物随辐照温度的变化

　　图 5.23 为辐射感生产物的最佳辐照温度随总剂量和剂量率的变化。在相同剂量率时，最佳辐照温度随总剂量的增加而减小。这主要是因为在总的陷阱电荷远没有饱和的前提下，单位时间内氧化物陷阱的产生项正比于空穴浓度，而空穴浓度在辐照较短的时间后就会趋于平衡且基本不变，使得单位时间内氧化物陷阱的产生基本不变。热激发所致的退火与氧化物陷阱电荷浓度相关，随总剂量的增加而不断增大，导致最佳辐照温度随总剂量增加而不断减小。这一现象使得高温辐照方法在对具有较强抗辐射性能器件试验时，必须降低辐照温度，以避免在高温和高的总剂量时，使器件的抗辐射损伤退火。总剂量一定时，剂量率越低，最佳辐照温度越小。这主要是在低剂量率下，单位时间内辐射感生的氧化物陷阱电荷及界面陷阱密度减小，使得只需较低的辐照温度就可使辐射感生产物的退火占主导。

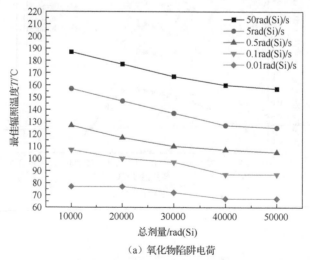

（a）氧化物陷阱电荷

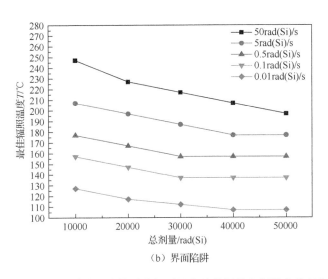

（b）界面陷阱

图 5.23　辐射感生产物的最佳辐照温度随总剂量和剂量率的变化

　　不同的器件工艺，会导致氧化物陷阱电荷及界面陷阱的浓度、能级和分布均有所差异。图 5.24 和图 5.25 的仿真结果表明，氧化物陷阱的能级、界面陷阱钝化的活化能对最佳辐照温度的影响最为明显，0.1eV 的能级差可产生约 30℃的最佳温度差，因此高温辐照试验方法应首先确定氧化物陷阱能级及界面陷阱钝化的活化能。

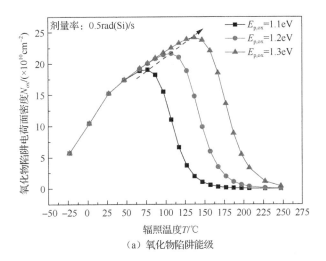

（a）氧化物陷阱能级

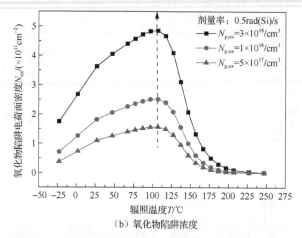

（b）氧化物陷阱浓度

图 5.24　氧化物陷阱能级和浓度对最佳辐照温度的影响

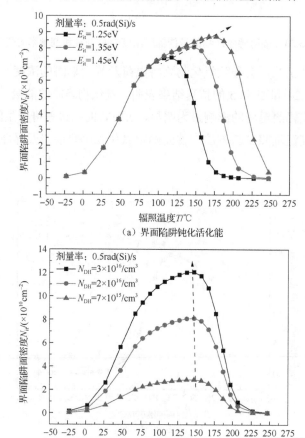

（a）界面陷阱钝化活化能

（b）含H缺陷浓度

图 5.25　界面陷阱钝化活化能和含 H 缺陷浓度对最佳辐照温度的影响

　　在实际高温辐照试验中，辐照温度与剂量率的选择需要遵循以下几个原则：①确保高温辐照的损伤劣于极低剂量率下的辐照损伤，或使器件的辐照损伤尽可能恶劣；②避免为器件施加超过设计所容许的辐照温度，以避免高温所致的可靠性问题导致器件损伤或影响试验结果；③确保有一定的加速效率，降低试验成本。这三个因素耦合在一起，使得辐照温度与剂量率的选取范围十分有限。

　　图 5.26 为辐射感生产物随剂量率与辐照温度的变化曲线，图中虚线为极低剂量率的辐照损伤。若器件设计的最高工作温度为 125℃，对于氧化物陷阱电荷，当辐照温度为 100℃时，为保证试验数据的保守性，高温辐照损伤应大于室温极低剂量率辐照损伤，因此只能选择辐照的剂量率为 $R_d \geq 0.5\text{rad(Si)/s}$。对于界面陷阱，辐照温度为 100℃时，可选用的剂量率为 $R_d \leq 5\text{rad(Si)/s}$。因此该器件辐照温度为 100℃时，可用的辐照剂量率只能为 $0.5\text{rad(Si)/s} \leq R_d \leq 5\text{rad(Si)/s}$。这一范围与目前美国 ASTM F1892 标准中给出的范围相同。

　　由于最佳辐照温度与器件工艺紧密相关，当氧化物陷阱的能级变小时，100℃的高温辐照有可能导致氧化物陷阱电荷的退火，使得高温辐照损伤小于低剂量率时的辐照损伤。此时保证试验结果的可靠性与保守性有两种方法：一种是减小辐照剂量率或提高辐照温度，牺牲加速效率以保证结果的可靠性与保守性；另一种是采用参数裕度因子。目前，美国 ASTM F1892 标准中采用了第二种方法，一般取参数裕度因子为 3。

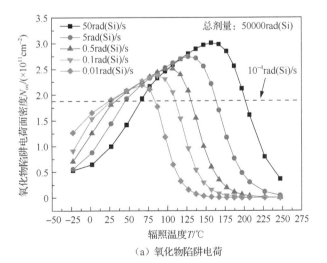

（a）氧化物陷阱电荷

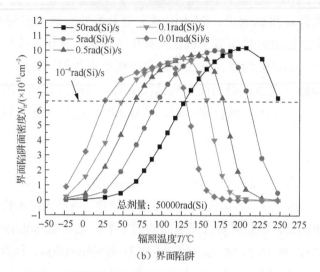

（b）界面陷阱

图 5.26　辐射感生产物随剂量率与辐照温度的变化

5.3.2　变剂量率辐照加速试验方法

变剂量率辐照加速试验方法中，需要解决几个关键问题：①变剂量率辐照加速试验方法的物理机理及其适用性。变剂量率辐照加速试验方法是在总结了双极集成电路辐射损伤规律的基础上提出来的，但到目前为止，还缺乏坚实的理论支撑，对其适用的范围及其参数均没有明确的结论，从而限制了变剂量率辐照加速试验方法的发展。②变剂量率辐照加速试验方法中，变剂量率点、高剂量率值、低剂量率辐照总剂量如何选择，高剂量率试验结束到低剂量率试验开始间的器件退火如何消除。③变剂量率点数，即样品分组数如何优化。

1.　典型器件的变剂量率辐照加速试验规律

图 5.27 为典型双极集成电路输入偏置电流的损伤系数在变剂量率辐照加速试验中的结果。从图中可以看出：

（1）在不同的总剂量辐照后，进行 0.03rad(Si)/s 的低剂量率效应试验，其低剂量率下效应敏感参数随总剂量的变化曲线是相互平行的。这说明试验样品在经受不同的总剂量辐照后，在相同的低剂量率情况下，器件参数的变化规律是相同的。退化率是一个定值，不受辐照的总剂量大小的影响。

（2）输入偏置电流在高、低剂量率下的退化基本呈线性，但高、低两种剂量率下的退化率（即曲线的斜率）有一定差异。两者间的斜率差异越大，说明器件的 ELDRS 效应越严重。高剂量率下的曲线斜率越小，意味着不同总剂量点的辐射损伤差异越小，通过高剂量点达到加速的效率越低。低剂量率下器件参数的退化率越大，表明需要开展更长时间的低剂量率试验。

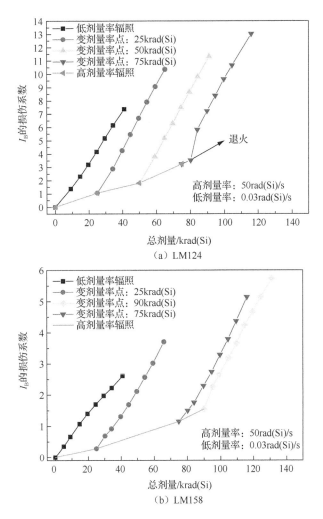

图 5.27　典型双极集成电路输入偏置电流的损伤系数在变剂量率辐照加速试验中的结果

变剂量率辐照加速试验的目的是通过几组样品在不同总剂量情况下的低剂量率损伤曲线，实现对同组试验样品单纯在极低剂量率下辐射损伤的估计或拟合，流程如图 5.28 所示。

设变剂量率辐照加速试验共有 N 组试验样品，编号为 $1 \sim N$，每组需要进行的高剂量率辐照总剂量为 $D_{\mathrm{HDR}}(i)=1 \sim N$。$D_{\mathrm{HDR}}(i)$ 应从 1 到 N 依次增大，第 1 组样品不进行高剂量率辐照，直接利用低剂量率辐照，则低剂量率辐射损伤曲线的重构步骤如下：

（1）把第 1 组没有进行过高剂量率试验的数据进行拟合；

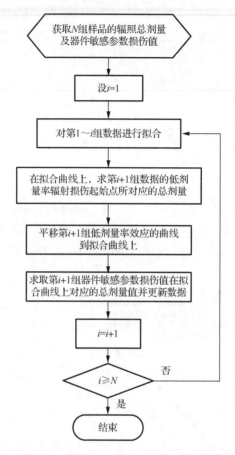

图 5.28　低剂量率辐射损伤曲线重构流程

（2）在拟合的曲线上求取第 2 组试验样品在高剂量率辐照后的损伤值对应的总剂量值 $RD_{HDR}(2)$，$D_{HDR}(2)-RD_{HDR}(2)$就是第 2 组试验样品低剂量率损伤曲线平移到第 1 组低剂量率曲线的平移量；

（3）根据平移量实施曲线平移；

（4）对第 1 组和第 2 组平移后的数据进行拟合；

（5）重复步骤（2）得到第 3 组数据的平移量，依次类推，得到试验样品的整个低剂量率辐射损伤曲线。

低剂量率辐射损伤曲线的重构流程有以下三个前提条件。

（1）进行试验的每组样品的辐射损伤离散性很小，同一样品的辐射损伤可以用不同样品的辐射损伤重构。因此，在制订试验方案时，为了减小器件辐射损伤所带来的误差，应增加每组试验样品的数目。

（2）变剂量率辐照加速试验方法认为在相同的辐射损伤下，器件低剂量率下的退化规律只与高剂量率下的辐射损伤及低剂量率有关，与导致高剂量率辐射损伤的总剂量、剂量率无关。因此，变剂量率辐照加速试验方法是一种真正的辐射损伤等效加速试验方法。

（3）第 N 组的低剂量率辐射损伤数据必须小于第 N-1 组的低剂量率辐射损伤最大值，最好是使第 N 组低剂量率辐射损伤的初始 2～3 个值落在第 N-1 组低剂量率辐射损伤曲线的末端，从而使重构的低剂量率曲线是连续的。

图 5.29 为 LM124 和 LM158 利用变剂量率辐照加速试验方法重构的低剂量率辐射损伤曲线。通过变剂量率辐照加速试验方法可以比较准确地重构出真实的低剂量率辐射损伤曲线。

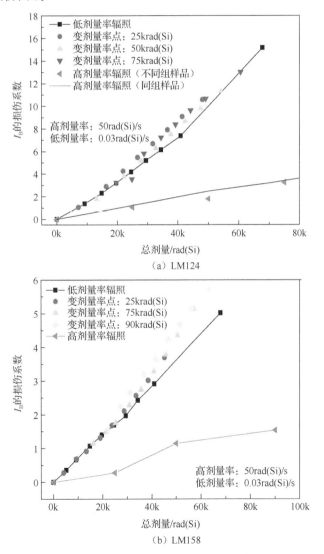

（a）LM124

（b）LM158

图 5.29　LM124 和 LM158 利用变剂量率辐照加速试验方法重构的低剂量率辐射损伤曲线

2. 数值模拟研究

假设在变剂量率试验中，低剂量率开始辐照时刻 $t=0$，则低剂量率辐照过程中辐射感生氧化物电荷如式（5.24）所示：

$$\frac{\partial p_{t,i}}{\partial t} = G_{p,i} - R1_{p,i} - R2_{p,i} \tag{5.24}$$

忽略陷阱俘获空穴后再与电子的复合，并令

$$A = A_{rr} \exp\left(-\frac{E_{p,ox}}{kT}\right), \quad B = A_{p,ox} \cdot p \cdot N_{ox0} \tag{5.25}$$

又设 $t=0$ 时，高剂量率辐照在氧化层中感生的氧化物陷阱电荷为 $p_{t,ox0}$，则求解式（5.24）得

$$p_{t,ox} = p_{t,ox0} \exp(-At) + \frac{B}{A}\left[1 - \exp(-At)\right] \tag{5.26}$$

式（5.26）等号右边的第二项为只有低剂量率辐照时感生的氧化物陷阱电荷，而第一项则是高剂量率辐射感生的氧化物陷阱电荷在低剂量率辐照过程中随时间的退火。为评价 $p_{t,ox0}$ 的退火对低剂量率辐射损伤曲线变化率的影响，对式（5.26）求导可得

$$\frac{\partial p_{t,ox}}{\partial t} = \left(B - A \cdot p_{t,ox0}\right)\exp(-A \cdot t) \tag{5.27}$$

当 $A \cdot p_{t,ox0} \ll B$ 时，高剂量率辐照损伤对低剂量率下辐射损伤曲线的变化率没有影响，即

$$p_{t,ox0} A_{rr} \exp\left(-\frac{E_{p,ox}}{kT}\right) \ll A_{p,ox} \cdot p \cdot N_{ox0} \tag{5.28}$$

式中，$\ll$ 左侧实际就是 $p_{t,ox0}$ 在低剂量率辐照过程中单位时间内的退火数量，而右侧为单位时间低剂量率辐射感生的量。

满足式（5.28）的条件有以下两个：

（1）氧化物陷阱电荷的激发能比较大，使得氧化物陷阱电荷难以退火，此时低剂量率辐射感生产物的热激发项可忽略，式（5.26）可近似表示为

$$p_{t,ox} = p_{t,ox0} + B \cdot t \tag{5.29}$$

在这种情况下，氧化物陷阱电荷在低剂量率辐照下的损伤呈线性变化。因此，变剂量率辐照只适用于辐射感生产物与辐照时间呈线性或近似线性关系的情况。从器件的角度，变剂量率辐照适用于辐射感生氧化物陷阱电荷的陷阱能级比较深的情况。

（2）高剂量率辐射感生的氧化物陷阱电荷比较小。由于界面陷阱与氧化物陷阱电荷的方程类似，在此不再论述。

在没有考虑电子与空穴的复合、浅能级陷阱的俘获与热激发等因素的情况下，变剂量率辐照加速试验方法数值仿真结果见图 5.30。由于仿真中所带入的氧化物陷阱电荷的激发能 $E_{p,ox}=1.2eV$ 和界面陷阱钝化的活化能 $E_{it}=1.35eV$，在室温下这两种辐射感生产物几乎不发生退火，因此其辐射感生产物与总剂量基本呈线性关系。

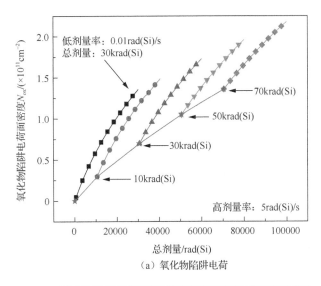

（a）氧化物陷阱电荷

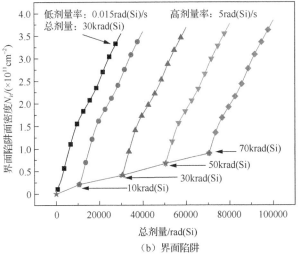

（b）界面陷阱

图 5.30 变剂量率辐照加速试验方法数值仿真结果

辐射感生产物产生退火作用比较明显时的仿真结果如图 5.31 所示。由于高剂量率辐照时间短，其退火作用不明显，界面陷阱密度与总剂量基本呈线性关系。但在低剂量率辐照时，这些已生长的界面陷阱会不断退火，从而使高剂量率累积辐照总剂量不同时，低剂量率辐照时的变化规律完全不同，难以通过重构得到低剂量率下的辐射损伤曲线。高剂量率累积辐照总剂量越小，低剂量率下的界面陷阱生长曲线与实际低剂量率下的更为相似。

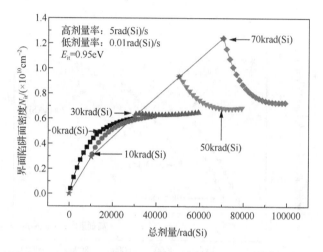

图 5.31　辐射感生产物产生退火作用比较明显时的仿真结果

参 考 文 献

[1] GENNADY I Z, MAXIM S G. Modeling of radiation-induced leakage and low dose-rate effects in thick edge isolation of modern MOSFETs[J]. IEEE Transactions on Nuclear Science, 2009, 56(4): 2230-2236.

[2] FLEETWOOD D M, WINOKUR P S, REBER R A, et al. Effects of oxide traps, interface traps, and border traps on metal-oxide semiconductor devices[J]. Journal of Applied Physics, 1993, 73(10): 5058-5074.

[3] BOCH J, SAIGNE F, SCHRIMPF R D, et al. Estimation of low-dose-rate degradation on bipolar linear integrated circuits using switching experiments[J]. IEEE Transactions on Nuclear Science, 2005, 52(6): 2616-2621.

[4] RICHARD D H, STEVEN S M, BEMARD G R, et al. Comparison of TID effects in space-like variable dose rates and constant dose rates[J]. IEEE Transactions on Nuclear Science, 2008, 55(6): 3088-3095.

[5] BOCH J, SAGNE F, SCHRIMPFR D, et al. Effect of switching from high to low dose rate on linear bipolar technology radiation response[J]. IEEE Transactions on Nuclear Science, 2004, 51(5): 2896-2902.

[6] BOCH J, SAGNE F, SCHRIMPF R D, et al. Elevated temperature irradiation at high dose rate of commercial linear bipolar ICs[J]. IEEE Transactions on Nuclear Science, 2004, 51(5): 2903-2907.

[7] VELO Y G, BOCH J, ROCHE N J, et al. Bias effects on total dose-induced degradation of bipolar linear microcircuits for switched dose-rate irradiation[J]. IEEE Transactions on Nuclear Science, 2010, 57(4): 1950-1957.

[8] CARRIERE T, ECOFFET R, POIROT P. Evaluation of accelerated total dose testing of linear bipolar circuits[J].
      IEEE Transactions on Nuclear Science, 2000, 47(6): 2350-2357.

[9] WLLIAM C J, RICHARD L M. A comparison of methods for simulating low dose rate Gamma ray testing of MOS
      devices[J]. IEEE Transactions on Nuclear Science, 1991, 38(6): 1560-1566.

[10] WINOKUR P S, KERRIS K G, HARPER L. Predicting CMOS inverter response in nuclear and space
      environments[J]. IEEE Transactions on Nuclear Science, 1983, 30(6): 4326-4332.

[11] BURGHARDR A, GWYNW W. Radiation failure modes in CMOS integrated circuits[J]. IEEE Transactions on
      Nuclear Science, 1972, 19(6): 300-306.

[12] BHUVAB L, PAULOSJ J, DIEHLS E. Simulation of worst-case total dose radiation effects in CMOS VLSI
      circuits[J]. IEEE Transactions on Nuclear Science, 1986, 33(6): 1546-1550.

[13] BAMABY H J. Total ionizing dose effects in modern CMOS technologies[J]. IEEE Transactions on Nuclear Science,
      2006, 53(6): 3103-3121.

[14] Department of Defence. Test Method Standard Microelectronics: MIL-STD-883H[S]. America: 26, 2010.

[15] ABOU-AUF A A, ABDEL-AZIZ H A, ABDEL-AZIZ M M, et al. Fault modeling and worst case test vectors for
      leakage current failures induced by total dose in ASICs[J]. IEEE Transactions on Nuclear Science, 2010, 57(6):
      3438-3442.

[16] ABOU-AUF A A, BARBED F, EISENH A. A Methodology for the identification of worst case test vectors for
      logical faults induced in CMOS circuits by total dose[J]. IEEE Transactions on Nuclear Science, 1994, 41(6):
      2585-2592.

[17] ESQUEDAI S, BAMABYH J, ADELLP C, et al. Modeling low dose rate effects in shallow trench isolation
      oxides[J]. IEEE Transactions on Nuclear Science, 2011, 58(6): 2945-2952.

[18] SHANEYFELT M R, FLEETWOOD D M, SCHWANK J R, et al. Charge yield for cobalt-60 and 10-keV X-ray
      irradiations of MOS devices[J]. IEEE Transactions on Nuclear Science, 1991, 38(6): 1187-1194.

[19] RASHKEEV S N, CIRBA C R, FLEETWOOD D M, et al. Physical model for enhanced interface-trap formation at
      low dose rates[J]. IEEE Transactions on Nuclear Science, 2002, 49(6): 2650-2656.

[20] WITCZAK S C, SCHRIMPF R D, GALLOWAY K F, et al. Accelerated tests for simulating low dose rate gain
      degradation of lateral and substrate PNP bipolar junction transistors[J]. IEEE Transactions on Nuclear Science, 1996,
      43(6): 442-452.

[21] HJALMARSON H P, PEASE R L, DEVINE R A B. Calculations of radiation dose-rate sensitivity of bipolar
      transistors[J]. IEEE Transactions on Nuclear Science, 2008, 55(6): 3009-3016.

[22] CHEN X J. Characterization and modeling of the effects of molecular hydrogen on radiation-induced defect
      generation in bipolar device oxides[D]. Phoenix: Arizona State University, 2008.

第 6 章　MOS 器件电离辐射总剂量效应预估

不同辐照剂量率下，MOS 器件的辐照响应有很大差异。由于空间环境剂量率很低，达到一定累积总剂量的时间过长，在实验室用如此低的剂量率做试验来模拟空间辐射效应，要耗费大量的时间、人力和物力。因此，二十世纪九十年代以后，人们更关注如何在地面实验室条件下来预估器件在空间的辐照损伤行为。根据地面试验数据来预估器件空间辐射效应多年来一直是国内外研究的热点[1-6]。本章主要介绍电离辐射总剂量效应预估模型。其中，6.1 节介绍 MOS 器件总剂量辐照后阈值电压漂移预估；6.2 节介绍 MOS 器件总剂量辐照后关态漏电流预估；6.3 节介绍 MOS 器件辐照过程和辐照后退火效应预估。

6.1　阈值电压漂移预估

6.1.1　线性响应理论模型

研究发现[7,8]，MOSFET 器件阈值电压漂移主要是由氧化物陷阱电荷引起的漂移（ΔV_{ot}）和界面态电荷引起的漂移（ΔV_{it}）组成。阈值电压漂移与退火时间满足 $\ln t$ 关系，主要是由氧化物陷阱电荷退火引起的。这种电荷产生量与辐照剂量、退火时间成正比关系。界面态电荷的产生与辐照剂量接近正比关系，而且在室温的退火几乎可以忽略。因此，阈值电压漂移的脉冲响应模型可采用如下形式：

$$-\Delta V_0(t) = \frac{-A\ln\dfrac{t}{t_0} + c}{\gamma_0} \tag{6.1}$$

式中，$\Delta V_0(t)$ 为每单位剂量瞬时退火曲线的漂移量；γ_0 为用来获得瞬时退火曲线的总剂量；A 为瞬时退火曲线斜率的大小；c 为 $t=t_0$ 时的截距。对式（6.1）进行积分，可以预估辐射诱导阈值电压的漂移 ΔV_{th} 随时间的变化：

$$\Delta V_{th}(t) = \int_0^t \dot{\gamma}(\tau)\Delta V_0(t-\tau)\mathrm{d}\tau \tag{6.2}$$

将式（6.1）代入式（6.2），并且假设剂量率为常量 $B[\mathrm{rad}(\mathrm{Si})/\mathrm{s}]$，当 $X{\leqslant}1$ 时：

$$-\Delta V_{\mathrm{th}}\left(t\right)=Bt/\gamma_0\left\{-A\left[\ln\left(X\right)+\ln\left(t_{\mathrm{E}}/t_0\right)\right]+A+C\right\} \tag{6.3}$$

当 $X{>}1$ 时：

$$-\Delta V_{\mathrm{th}}\left(t\right)=Bt_{\mathrm{E}}/\gamma_0\left\{-A\left[X\ln\frac{X}{X-1}+\ln\left(X-1\right)+\ln\left(t_{\mathrm{E}}/t_0\right)\right]+A+C\right\} \tag{6.4}$$

式中，$X{=}t/t_{\mathrm{E}}$，t_{E} 为在剂量率 $B[\mathrm{rad}(\mathrm{Si})/\mathrm{s}]$ 下的总辐照时间。

6.1.2　新建理论模型

1. 氧化物陷阱电荷的建立

采用概率的方式描述氧化物陷阱电荷的俘获和退火过程，并假设不同空穴的退火过程是相互独立的，且氧化物陷阱电荷在 τ 时刻的分布可以通过概率 $p(\tau)$ 来描述。那么 $p(\tau)\delta_\tau$ 可以认为是当陷阱俘获一个空穴后，在（τ，$\tau{+}\delta_\tau$）时间范围内损失的电荷。对于这些具有相同退火时间的陷阱，在辐照过程中的任何时刻，它们上面每单位面积占据空穴的数量 δN_{p} 可以通过式（6.5）[9] 给出：

$$\frac{\mathrm{d}\left(\delta N_{\mathrm{p}}\right)}{\mathrm{d}t}=\frac{-\left(\delta N_{\mathrm{p}}\right)}{\tau}+\gamma\Delta N_0 p\left(\tau\right)\delta\tau \tag{6.5}$$

式中，ΔN_0 为单位脉冲总剂量辐射产生的电荷密度。初始条件 $\delta N_{\mathrm{p}}\left(t=0\right)=\delta N_{\mathrm{p}0}$。对式（6.5）进行积分，得到辐照过程中产生的氧化物陷阱电荷与辐照时间的关系：

$$\Delta N_{\mathrm{ot}}\left(\gamma,t\right)=\gamma\Delta N_0\left\langle\tau\right\rangle\left[1-\int_{\tau_{\min}}^{\tau_{\max}}\frac{\tau p\left(\tau\right)\mathrm{e}^{-t/\tau}}{\left\langle\tau\right\rangle}\mathrm{d}\tau\right] \tag{6.6}$$

式中，$\tau_{\max}$ 和 $\tau_{\min}$ 分别为氧化物陷阱电荷的最大退火时间和最小退火时间；$\left\langle\tau\right\rangle$ 为平均退火时间。同样，退火过程中，氧化物陷阱电荷与退火时间的关系可以从式（6.7）中得到：

$$\Delta N_{\mathrm{ot}}\left(D,\mathrm{t}\right)=\frac{D\Delta N_0}{t_{\mathrm{ir}}}\int\tau\cdot p\left(\tau\right)\left[\mathrm{e}^{-(t-t_{\mathrm{ir}})/\tau}-\mathrm{e}^{-t/\tau}\right]\mathrm{d}\tau \tag{6.7}$$

式中，D 为辐照过程中的总剂量。

假设 ΔN_{ot} 的概率 $p(\tau)$ 与陷阱电荷退火的物理过程有关。考虑隧穿效应，同时假设隧穿产生的概率与陷阱电荷到 $\mathrm{Si}/\mathrm{SiO}_2$ 界面的距离满足指数关系，概率 $p(\tau)$ 可以通过式（6.8）给出：

$$p\left(\tau\right)=\frac{1}{\tau\ln\left(\tau_{\max}/\tau_{\min}\right)}\text{且}\left\langle\tau\right\rangle=\left(\tau_{\max}-\tau_{\min}\right)/\ln\left(\tau_{\max}/\tau_{\min}\right) \tag{6.8}$$

将式（6.8）代入式（6.6）中，并且假设 $\tau_{\max} \gg \tau_{\min}$，经计算得到：

$$\Delta N_{ot}(\gamma, t) = \frac{\gamma \Delta N_0 \tau_{\max}}{\ln(\tau_{\max}/\tau_{\min})} \left[1 - e^{-\frac{t}{\tau_{\max}}} + \frac{t}{\tau_{\max}} E_i(-t/\tau_{\max}) \right] \quad (6.9)$$

式中，$E_i(x) = \int_{-\infty}^{x} e^t \frac{1}{t} dt = c + \ln x + \sum_{n=1}^{\infty} \frac{x^n}{n \cdot n!}$，$c = 0.577215$，为欧拉常数。利用指数积分和指数泰勒展开，最终得到氧化物陷阱电荷与辐照时间的关系：

$$\Delta N_{ot}(\gamma, t) = \frac{\gamma \Delta N_0 t}{\ln(\tau_{\max}/\tau_{\min})} \left[1 - c + \ln(\tau_{\max}/t) \right] \quad t < t_{ir} \quad (6.10)$$

采用同样的分析方法，将式（6.8）代入式（6.7）中，并利用指数积分和指数泰勒展开，得到退火过程中氧化物陷阱电荷与时间的关系式：

$$\Delta N_{ot}(\gamma, t) = \frac{\gamma \Delta N_0 t_{ir}}{\ln(\tau_{\max}/\tau_{\min})} \left[1 - c - \left(1 - \frac{t}{t_{ir}}\right) \ln\left(1 - \frac{t_{ir}}{t}\right) + \ln\frac{\tau_{\max}}{t} \right] \quad t > t_{ir} \quad (6.11)$$

对方程（6.10）和方程（6.11）进行简单的变形得到：

$$\Delta N_{ot} = \begin{cases} \gamma t_{ir}(AX + B) & t > t_{ir} \\ \gamma t\left[B - A\ln(t/t^*) \right] & t < t_{ir} \end{cases} \quad (6.12)$$

式中，$X = (t/t_{ir} - 1)\ln(1 - t_{ir}/t) - \ln(t/t^*)$；$A = \dfrac{\Delta N_0}{\ln(\tau_{\max}/\tau_{\min})}$；$B = A\left[1 - c + \ln(\tau_{\max}/t^*) \right]$；$t^*$ 为时间单位比例（如 $t^* = 1s$）。

2. 界面态电荷模型建立

假设在 MOS 器件中慢界面态增长与氧化物陷阱电荷退火数量成比例，并且界面态的增加与吸收的总剂量成比例，得到界面态陷阱电荷密度 ΔN_{it} 与总剂量和时间的关系：

$$\Delta N_{it} = (\Delta N_i + K_{oi}\Delta N_0)D - K_{oi}\Delta N_{ot}(\gamma, t) \quad (6.13)$$

式中，ΔN_i 为常数；K_{oi} 为转换因子，它表示氧化物陷阱电荷转换为界面态的数量。将氧化物陷阱电荷模型表达式代入式（6.13），并按照式（6.12）的形式简单变形：

$$\Delta N_{it} = \begin{cases} D(A_{ni}X + B_{ni}) & t > t_{ir} \\ \gamma t\left[B_{ni} - A_{ni}\ln(t) \right] & t < t_{ir} \end{cases} \quad (6.14)$$

式中，$A_{ni} = -K_{oi}A$；$B_{ni} = \Delta N_i + K_{oi}(\Delta N_0 - B)$；$X = (t/t_{ir}-1)\ln(1-t_{ir}/t) - \ln(t/t^*)$，$t^*$ 为时间单位比例（如 $t^*=1s$）。

3. 总剂量辐射敏感参数预估模型

假设 MOSFET 器件氧化物陷阱电荷和界面态的建立仅仅是总剂量的物理效应，且辐射敏感参数 p 的变化线性依赖 ΔN_{ot} 和 ΔN_{it}，那么，当 p 改变 Δp 时，即 $p = p_0 + \Delta p$，有

$$p = p_0 + c_1\Delta N_{ot} + c_2\Delta N_{it} \tag{6.15}$$

将式（6.12）和式（6.14）代入式（6.15）可以得到：

$$\Delta p = \begin{cases} D(A_p X + B_p) & t > t_{ir} \\ \gamma t[B_p - A_p \ln(t)] & t < t_{ir} \end{cases} \tag{6.16}$$

$$c_1 = dp/d(\Delta N_{ot}); c_2 = dp/d(\Delta N_{it}); A_p = A[dp/d(\Delta N_{ot}) - K_{oi}\,dp/d(\Delta N_{it})]; \\ B_p = B\,dp/d(\Delta N_{ot}) + [\Delta N_i + K_{oi}(\Delta N_0 - B)]dp/d(\Delta N_{it}) \tag{6.17}$$

利用方程（6.16）可以进行辐射效应敏感参数的预估。

4. 电离辐射总剂量效应预估

电离辐射总剂量效应会诱导 CMOS 器件阈值电压发生漂移（ΔV_{th}）。通常 ΔV_{th} 可分成由氧化物陷阱电荷引起的漂移（ΔV_{ot}）和界面态引起的漂移（ΔV_{it}）。它可表示为氧化物陷阱电荷和界面态的形式，即

$$\Delta V_{th} = c_1\Delta N_{ot} + c_2\Delta N_{it} \tag{6.18}$$

按照方程（6.16）可以进行阈值电压漂移预估。

另外，电离辐射总剂量效应会引起 CMOS 器件迁移率的变化，迁移率的变化与氧化物陷阱电荷密度和界面态密度有关[10]：

$$\frac{\mu}{\mu_0} = \frac{1}{1 + c_1\Delta N_{ot} + c_2\Delta N_{it}} \tag{6.19}$$

将式（6.12）、式（6.14）代入式（6.19）得到：

$$\mu' = \begin{cases} D(A_p X + B_p) & t > t_{ir} \\ \gamma t[B_p - A_p \ln(t)] & t < t_{ir} \end{cases} \tag{6.20}$$

式中，$\mu' = \frac{\mu_0}{\mu} - 1$；$c_1$、$c_2$、$A_p$ 和 B_p 的定义同式（6.16）和式（6.17）。

图 6.1 给出了在 0.001～50rad(Si)/s，线性响应模型和新建模型预估结果的比

较情况，其中两种模型的参数是根据 CC4007RHA 器件在 44rad(Si)/s 剂量率和 1×10^5rad(Si) 总剂量辐照下，常温退火 175h 确定的。在误差允许的范围内，预估高剂量率辐射效应时，两种模型的预估结果比较接近，但是在预估低剂量率辐射效应时，二者差别较大。那么，在预估器件空间辐射效应时，究竟哪一种模型更真实反映器件的辐射损伤情况？

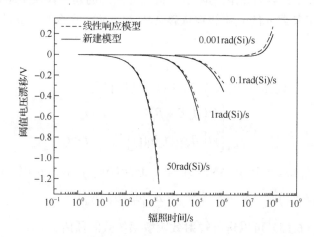

图 6.1   不同剂量率辐射下两种模型预估结果比较

图 6.2 为线性响应模型和新建模型预估 0.1rad(Si)/s 和 44rad(Si)/s 辐照下的电离辐射总剂量效应。可以看出 44rad(Si)/s 辐照下，两种模型的预估结果比较接近试验数据，但在 0.1rad(Si)/s 剂量率辐照下，新建模型的预估结果更接近试验数据。

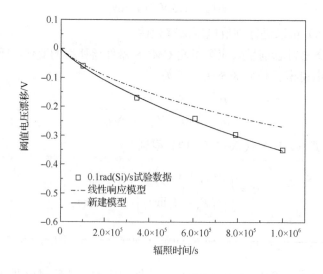

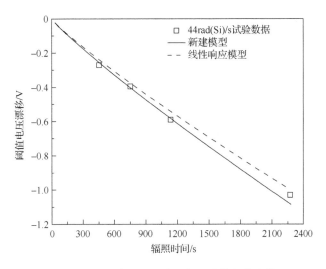

图 6.2　两种模型预估结果与试验数据的比较

　　图 6.3 为新建模型预估 CC4007RHA 器件分别在 0.1rad(Si)/s、1rad(Si)/s、2.3rad(Si)/s、31rad(Si)/s 和 90.2rad(Si)/s 五种剂量率辐照下的电离辐射总剂量效应，并与试验数据的对比情况。在 0.1～90.2rad(Si)/s 剂量率范围中，新建模型的预估结果和试验数据符合得很好。图 6.4 为利用新建模型 CC4007RHA 器件在空间环境（0.001rad(Si)/s）下电离辐射总剂量效应的预估结果，其中图 6.4（a）和（b）分别为阈值电压漂移和归一化迁移率随辐照时间的变化情况。

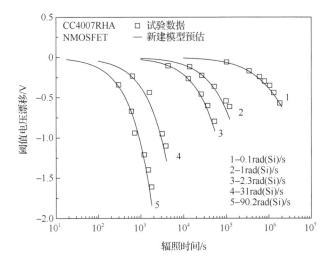

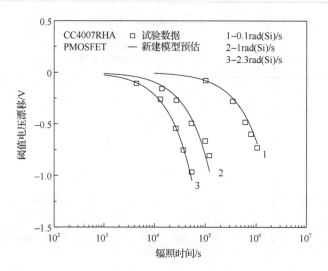

图 6.3　不同剂量率辐照下新建模型预估结果与试验数据比较

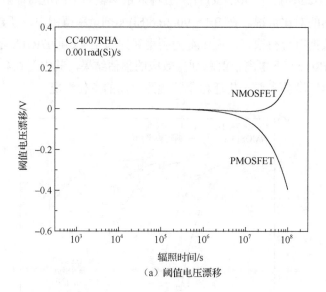

（a）阈值电压漂移

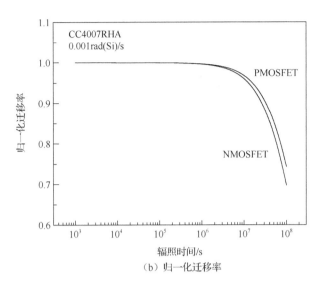
（b）归一化迁移率

图 6.4 理论预估空间低剂量率环境下敏感参数随辐照时间的变化

6.2 关态漏电流预估

在研究 MOS 器件辐射响应物理机理时，人们一般将注意点集中在栅氧化层俘获电荷积累的影响上。然而，相同的物理过程也会发生在较厚的场氧化层中，并且还产生不希望有的漏电沟道[11]。实际上，可以把场区边缘看成一个与本征 MOSFET（栅氧化层区）并联的辐射寄生 MOSFET 管，源漏电流是由本征管和寄生管两部分组成。一定剂量辐射后，由于场氧化层比栅氧化层厚得多，生成电荷体积相当大。因此在同一栅压下，寄生管和本征管的工作点将不同。当本征管还处在亚阈区时，寄生管工作点已在阈值以上的饱和区或线性区，电流主要从场区边缘流过。因此，辐射引起的场区边缘寄生漏电严重劣化了 MOSFET 器件的阈值区特性。

图 6.5 为加固型 CC4007RHA NMOS 器件在 0.1rad(Si)/s 和 44rad(Si)/s 剂量率辐照下，累积辐照总剂量达 1×10^5rad(Si)时，器件辐照前后转移特性曲线的变化。辐照后数据显示，关态漏电流有大量的增加。辐照后实际测量的转移曲线是由本征 MOSFET 器件和寄生 MOSFET 器件两部分组成。本征 MOSFET 器件转移曲线，可由实际测量转移曲线减去寄生 MOSFET 器件部分而得到（图 6.6）。栅压为0V 时的电流（称关态漏电流）是通过寄生 MOSFET 器件转移曲线确定的。

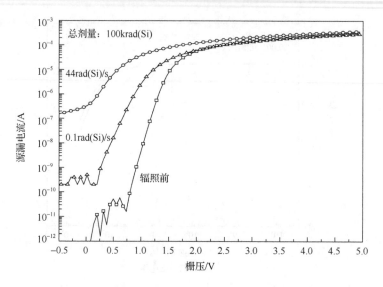

图 6.5　加固型 CC4007RHA NMOS 器件转移特性曲线

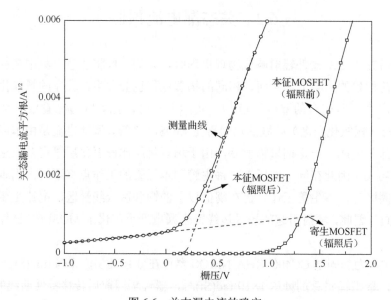

图 6.6　关态漏电流的确定

　　一般情况下，MOSFET 器件产生关态漏电流可能有三种途径：第一种是由于阈值电压漂移所产生的亚阈漏电流；第二种是发生在边缘栅区的漏电流；第三种是场氧漏电流。真正的关态漏电流是上述三种漏电流之和。但是，在实际中起主要作用的是第二、三种漏电流，它们是由寄生 MOSFET 器件所引起的。第一种漏电流只有在阈值电压漂移随吸收剂量的增加发生异常增加时，才起主要作用。因此，关态漏电流模型中，只考虑后两种漏电流。资料表明[12]，辐射诱导感生漏电流的脉冲响应满足如下的指数形式：

$$I_0(t) = K_1 \exp(-\lambda_1 t) + K_2 \exp(-\lambda_2 t) \tag{6.21}$$

式中，K_1 和 K_2 分别为栅区边缘和场氧区每单位吸收剂量所产生的漏电流；λ_1 和 λ_2 为漏电流退火时间常数，下标 1、2 代表产生漏电流的不同部位。通过对式（6.21）积分，可以得到任何时刻漏电流的响应变化：

$$I(t) = \int_0^t \gamma(\tau) I_0(t-\tau) \mathrm{d}\tau \tag{6.22}$$

假设剂量率为常数，t_E 为在剂量率 B 辐射下的辐照时间，可以得出：

$$I(t) = \sum_{i=1}^2 \frac{K_i B}{\lambda_i} \left(1 - \mathrm{e}^{-\lambda_i t}\right) \qquad t \leqslant t_0 \tag{6.23}$$

$$I(t) = \sum_{i=1}^2 \frac{K_i B}{\lambda_i} \left(1 - \mathrm{e}^{-\lambda_i t_E}\right) \mathrm{e}^{-\lambda_i (t - t_E)} \qquad t > t_0 \tag{6.24}$$

6.2.1　模型参数确定

依据图 6.6 确定关态漏电流，并利用 25℃退火试验数据确定模型参数，变化如图 6.7 所示，模型参数见表 6.1。

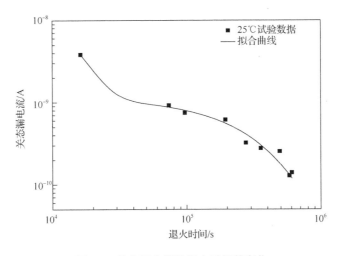

图 6.7　关态漏电流随退火时间的变化

表 6.1　加固型 CC4007RHA 器件漏电流模型参数

器件型号	$K_1/[\text{A/rad(Si)}]$	λ_1	$K_2/[\text{A/rad(Si)}]$	λ_2
加固型 CC4007RHA	4.78×10^{-13}	1.76×10^{-4}	1.15×10^{-14}	3.76×10^{-6}

6.2.2　不同剂量率辐照下感生关态漏电流的预估

图 6.8 为加固型 CC4007RHA NMOS 器件在不同剂量率辐照下，关态漏电流随总剂量的变化关系。辐照感生关态漏电流随吸收总剂量的增加而增加，且在相同总剂量辐照下，剂量率越高，辐照感生的关态漏电流越大。这主要是因为辐照剂量率越高，辐照感生的氧化物陷阱电荷越多。在模拟空间辐射效应时，如果仅仅采用高剂量率进行辐照，必然会得出错误的评判。因此，在实验室利用高剂量率 γ 射线来模拟空间低剂量率效应时，必须采用退火的办法来减少辐照感生的氧化物陷阱电荷。图 6.9 为加固型 CC4007RHA NMOS 器件的关态漏电流随辐照和室温退火时间的变化。关态漏电流随着辐照时间的增加而增加，辐照剂量率越大，关态漏电流增加越快。在辐照总剂量相同的情况下，不同剂量率辐照引起的关态漏电流在室温下长时间退火后的结果是相同的。图 6.10 为利用模型预估加固型 CC4007RHA NMOS 器件在空间极低剂量率辐照下（$1\times10^{-4}\sim1\times10^{-2}\text{rad(Si)/s}$）关态漏电流随辐照时间的变化。

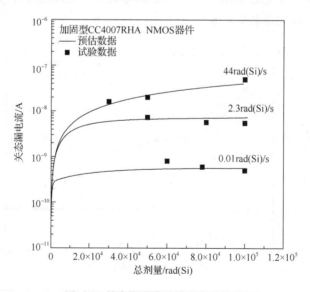

图 6.8　关态漏电流随总剂量的变化

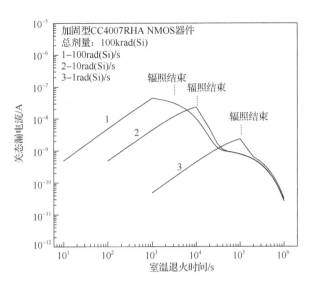

图 6.9　关态漏电流随辐照和室温退火时间的变化

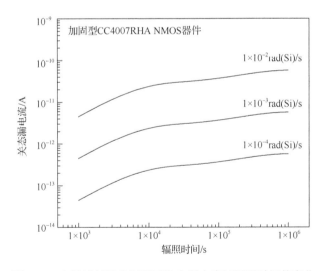

图 6.10　在极低剂量率辐照下关态漏电流随辐照时间的变化

6.3　MOS 器件辐照过程和辐照后退火效应预估

电离辐射脉冲后，MOS 器件辐射效应的恢复包括以下过程[12-14]：①辐射脉冲结束后，从毫秒到秒发生空穴传输的短期过程；②界面态的建立、隧穿电子从硅进入氧化层、正的氧化物陷阱电荷热激发退火和界面态电荷热激发退火的四个长期过程。四个长期过程在不同时间下产生不同的电离辐射效应。高剂量率辐照，照射时间短，主要是产生正空间电荷，经退火才能产生界面态；而低剂量率辐照，照射时间长，开始以产生正空间电荷为主，逐渐地转化到形成界面态。由于正空间电荷与界面态对 MOS 器件产生的影响不相同，因此产生的电离辐射效应存在明显的差别。

6.3.1 隧穿退火机理

研究资料表明[15,16]，MOS 器件的辐照效应受辐照总剂量、剂量率、偏置、温度和工艺条件的影响。阈值电压漂移与退火时间的对数（$\ln t$）满足线性关系。短时间电离辐照脉冲所引起 MOS 器件的阈值电压漂移满足关系：

$$\Delta V_{\text{TN}_0}(t) = -\left(C - A\ln\frac{t}{t_0}\right) \tag{6.25}$$

式中，t_0 为所有空穴传输完成的时间；C 为阈值电压漂移在 $t=t_0$ 时的幅值；常数 A 为退火恢复曲线的斜率。式（6.25）归一化可以写成：

$$\Delta V'_{\text{TN}_0}(t) = -\left(1 - A'\ln\frac{t}{t_0}\right) \tag{6.26}$$

式中，$\Delta V'_{\text{TN}_0}$ 为归一化阈值电压漂移；A' 为归一化退火恢复曲线斜率。对方程（6.26）进行积分，得到任意辐射脉冲宽度为 T，剂量率为常数 γ 情况下辐照和退火恢复效应：

$$\Delta V'_{\text{TN}} = \int_0^t \gamma(t-\tau) \cdot \frac{\Delta V'_{\text{TN}_0}(t)}{\gamma_0} \mathrm{d}\tau \tag{6.27}$$

当 $0 < t < T$ 时，归一化阈值电压漂移与脉冲宽度 T 的表达式可以表示为

$$\Delta V'_{\text{TN}} = -\left[(1 + A'_1)\frac{t}{T} - A'_1\frac{t_0}{T} - A'_1\frac{t}{T}\ln\frac{t}{t_0}\right] \tag{6.28}$$

如果退火恢复机理是隧穿电子与氧化层正电荷相互作用的结果，那么退火恢复曲线的归一化斜率与加在氧化层的电场具有一定的函数关系。假设归一化斜率具有如下形式：

$$A'_1 = \frac{V_{\text{g1}} - \Delta V_{\text{TN}} + \phi}{V_0} \tag{6.29}$$

式中，V_{g1} 为栅偏压；ϕ 为考虑工作函数不同时的常数；V_0 为常数。根据经验[17]，阈值电压漂移 ΔV_{TN} 远小于所加的栅偏压，可忽略该项，并取 $t_0=1$，$V_0=400$，$\phi=5$。

假设器件栅偏压随时间的变化如图 6.11 所示，在 $0<t<T$ 的辐射脉冲下，栅偏压保持常数 V_{g1}，在辐射脉冲结束时，栅偏压变为 V_{g2}，在整个退火恢复过程中栅偏压变为 V_{g3}。

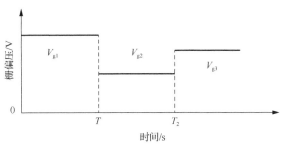

图 6.11　栅偏压随时间的变化

当 $T<t<T_2$ 时：

$$\Delta V'_{TN} = -k_1 \left[1 + A'_2 - A'_2 \left(\frac{t}{T} \ln \frac{t}{t-T} + \ln \frac{t-T}{t_0} \right) \right] \qquad (6.30)$$

$$A'_2 = \frac{V_{g2} - \Delta V_{TN} + \phi}{V_0} \qquad (6.31)$$

$$k_1 = \frac{1 + A'_1 - A'_1 \ln \dfrac{T}{t_0}}{1 + A'_2 - A'_2 \ln \dfrac{T}{t_0}} \qquad (6.32)$$

当 $t>T_2$ 时：

$$\Delta V'_{TN} = -k_2 \left[1 + A'_3 - A'_3 \left(\frac{t}{T_2} \ln \frac{t}{t-T_2} + \ln \frac{t-T_2}{t_0} \right) \right] \qquad (6.33)$$

$$A'_3 = \frac{V_{g3} - \Delta V_{TN} + \phi}{V_0} \qquad (6.34)$$

$$k_2 = \frac{k_1 \left[1 + A'_2 - A'_2 \left(\dfrac{T_2}{T} \ln \dfrac{T_2}{T_2 - T} + \ln \dfrac{T_2 - T}{t_0} \right) \right]}{1 + A'_3 - A'_3 \ln \dfrac{T_2}{t_0}} \qquad (6.35)$$

图 6.12 为三种脉冲辐照宽度（$T=10^2$s、10^4s、10^6s）下，归一化阈值电压漂移与辐照时间的关系模拟结果，其中辐照栅偏压为 10V。在其他条件相同时，归一化阈值电压的负向漂移量随辐照脉冲宽度增大而减小。

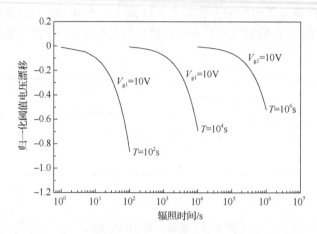

图 6.12　三种脉冲辐照宽度下归一化阈值电压漂移与辐照时间的关系

图 6.13 为不同偏置电压下，退火恢复过程中归一化阈值电压漂移与时间的关系。MOS 器件辐射效应退火恢复率随所加栅偏压的增加而增加。V_{g2}=10V 时辐射效应的退火恢复率最大，V_{g2}=5V 次之，V_{g2}=0V 最小。

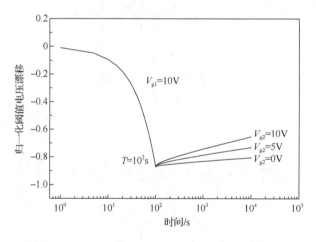

图 6.13　不同偏置电压下退火恢复过程中归一化阈值电压漂移与时间的关系

图 6.14 为 T=10^2s 辐照后，MOS 器件归一化阈值电压漂移与所加栅偏压的变化关系，其中辐照过程中栅偏压 V_{g1}=10V。退火恢复过程中：①V_{g2}=10V，V_{g3}=0V 或 V_{g3}=10V；②V_{g2}=0V，V_{g3}=10V 或 V_{g3}=0V。从图中可以看出，V_{g2}=10V 的恢复率要大于 V_{g2}=0V；当 V_{g2}=10V 时，V_{g3}=0V 的恢复率要小于 V_{g3}=10V。同样，当 V_{g2}=0V 时，V_{g3}=0V 的恢复率要小于 V_{g3}=10V。

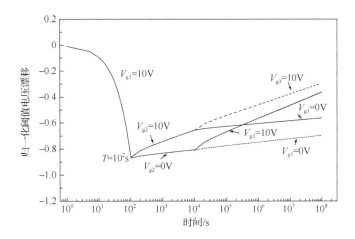

图 6.14　$T=10^2$s 辐照后 MOS 器件归一化阈值电压漂移与栅偏压的变化关系

6.3.2　界面态电荷的建立过程

辐射诱导带有负电荷的界面态电荷的建立和正的氧化物陷阱电荷进行补偿，这种现象是 NMOS 器件长期恢复的特征之一。界面态电荷的建立需要相对长的时间，它是温度和栅偏压的函数。脉冲电离辐射后，关于界面态电荷的建立与时间的响应关系，可以用图 6.15 来描述，其中 N_{ss} 为界面态电荷密度。

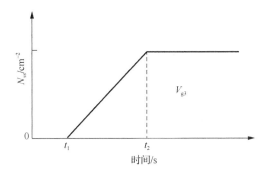

图 6.15　脉冲电离辐射后界面态电荷的建立与时间的响应关系

辐照开始后，直到 t_1 时刻界面态才开始建立，它是温度的函数。在室温情况下，界面态开始建立的时间大约是秒的量级。随着温度的增加，界面态开始建立的时间会缩短。界面态电荷密度在达到最终饱和状态之前，它的积累与 $\ln t$ 呈线性关系。因此，在 $t_1<t<t_2$ 内，界面态电荷密度可以被写成如下形式：

$$N_{ss}(t) = B_1 \ln \frac{t}{t_1} \tag{6.36}$$

因为界面态电荷密度与阈值电压漂移有一定的联系，因此可以将式（6.36）写成：

$$\Delta V'_{\mathrm{TSS}}(t) = B'_1 \ln \frac{t}{t_1} \tag{6.37}$$

式中，$\Delta V'_{\mathrm{TSS}}$ 为由界面态所引起的阈值电压漂移；B' 为归一化斜率。界面态达到饱和状态时的阈值电压漂移值可以由式（6.38）得出：

$$\Delta V'_{\mathrm{TSS}}(t_2) = \Delta V'_{\mathrm{TSSf}} = B'_1 \ln \frac{t_2}{t_1} \tag{6.38}$$

既然在 $t_1 < t < t_2$ 时间内，界面态建立与 $\ln t$ 呈线性关系，那么对式（6.38）进行积分，可以得到界面态与辐射脉冲宽度的关系：

$$\Delta V'_{\mathrm{TN1}} = \int_{t_1}^{t} \frac{\gamma(t-\tau)}{\gamma_0} B'_1 \ln \frac{\tau}{t_1} \mathrm{d}\tau \tag{6.39}$$

当 $t_1 < t < T$ 时：

$$\Delta V'_{\mathrm{TN1}} = B'_1 \left(\frac{t}{T} \ln \frac{t}{t_1} - \frac{t-t_1}{T} \right) \tag{6.40}$$

6.3.3　隧穿退火机理和界面态电荷建立的复合过程

资料表明[16]，界面态电荷的建立与电子隧穿类型的恢复是两个相互独立的过程。如果这两个过程独立，并且同时发生，那么恢复效应就是这两种过程各自积分的和。下面给出包括隧穿退火和界面态电荷建立复合过程的积分方程。积分方程可能有多种情况，它主要取决于辐射脉冲宽度和界面态电荷建立的时间大小。假设 $t_0 < t_1$，并给出一种 $t_1 < T < T_2$ 的积分情况，如图 6.16 所示。

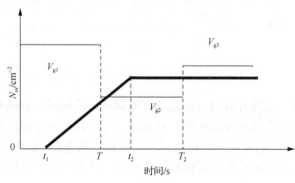

图 6.16　脉冲电离辐射后电子隧穿退火机理与界面态电荷建立的时间响应

当 $t_0 < t \leqslant t_1$ 时：

$$\Delta V'_{TN} = -\left[(1 + A') \frac{t}{T} - A' \frac{t_0}{T} - A' \frac{t}{T} \ln \frac{t}{t_0} \right] \tag{6.41}$$

当 $t_1 < t \leqslant T$ 时：

$$\Delta V'_{TN} = -\left[(1 + A') \frac{t}{T} - A' \frac{t_0}{T} - A' \frac{t}{T} \ln \frac{t}{t_0} \right] + B'\left(\frac{t}{T} \ln \frac{t}{t_1} - \frac{t - t_1}{T} \right) \tag{6.42}$$

当 $T < t \leqslant T + t_1$ 时：

$$\Delta V'_{TN} = -\left[(1 + A') - A'\left(\frac{t}{T} \ln \frac{t}{t - T} + \ln \frac{t - T}{t_0} \right) \right] + B'\left(\frac{t}{T} \ln \frac{t}{t_1} - \frac{t - t_1}{T} \right) \tag{6.43}$$

当 $T + t_1 < t \leqslant t_2$ 时：

$$\Delta V'_{TN} = -\left[(1 + A') - A'\left(\frac{t}{T} \ln \frac{t}{t - T} + \ln \frac{t - T}{t_0} \right) \right] + B'\left(\frac{t}{T} \ln \frac{t}{t_1 - T} + \ln \frac{t - T}{t_1} \right) \tag{6.44}$$

图 6.17 为当模型中包括电子隧穿机理与界面态时，归一化阈值电压漂移随时间的变化。从曲线中可以看出，辐照过程中阈值电压向负方向发生漂移，主要是因为在辐照过程中，隧穿电子与氧化层辐照感生电子-空穴对复合所形成的氧化物陷阱电荷起主要作用，而界面态的量相对较少，最终导致阈值电压向负方向漂移。在退火过程中，大部分氧化物陷阱电荷发生退火，并同时产生大量的界面态，导致阈值电压发生回漂。当建立的界面态电荷超过氧化物陷阱电荷时，阈值电压回漂可能过零，这就是"反弹"效应。

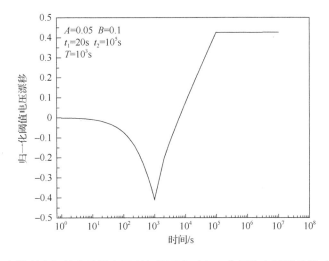

图 6.17   当模型中包括电子隧穿机理与界面态时归一化阈值电压漂移随时间的变化

　　图 6.18 为电子隧穿机理与界面态所占比例不同时，归一化阈值电压漂移随时间的变化。从图中可以看出，当 $A=0$ 时，表明恢复过程只有界面态的贡献。在 $A=0$ 时，B 越大，归一化阈值电压漂移的正向恢复率越大。但是当模型中包括隧穿退火和界面态时，辐射效应的恢复率最大。

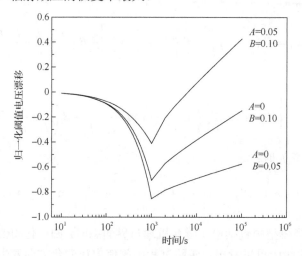

图 6.18　电子隧穿机理与界面态所占比例不同时归一化阈值电压漂移随时间的变化

参 考 文 献

[1] BROWN D B, JOHNSTON A H. A framework for integrated set of standards for ionizing radiation testing of microelectronics[J]. IEEE Transactions on Nuclear Science, 1987, 34(6): 1720-1725.

[2] STAPOR W J, MEYERS J P, KINNISON J D, et al. Low dose rate space estimates for integrated circuits using real time measurements and linear systems theory[J].IEEE Transactions on Nuclear Science, 1992, 39(6): 1876-1882.

[3] PAVAN P, TU R H, MINAMI E R. A complete radiation reliability software simulator[J]. IEEE Transactions on Nuclear Science, 1994, 41(6): 2619-2630.

[4] WITCZAK S C, SCHRIMPF R D, FLEETWOOD D M, et al. Hardness assurance testing of bipolar junction transistors at elevated irradiation temperatures[J]. IEEE Transactions on Nuclear Science, 1997, 44(6): 1989-2000.

[5] FLEETWOOD D M, WINOKUR P S, SCHWANK J R. Using laboratory X-ray and cobalt-60 irradiations to predict CMOS device response in strategic and space environments[J]. IEEE Transactions on Nuclear Science, 1988, 35(6): 1497-1505.

[6] FLEETWOOD D M, EISEN H A. Total-dose radiation hardness assurance[J]. IEEE Transactions on Nuclear Science, 2003, 50(3): 552-564.

[7] WINOKUR P S, KERRIS K G, HARPER L. Predicting CMOS inverter response in nuclear and space environments[J]. IEEE Transactions on Nuclear Science, 1983, 30(6): 4326-4332.

[8] SCHRIMPF R D, WAHLE P J. Dose-rate effects on the total-dose threshold-voltage shift of power MOSFETS[J].IEEE Transactions on Nuclear Science, 1988, 35(6): 1536-1540.

[9] SHVETZOV-SHILOVSKY I N, BELYAKOV V V, CHEREPKO S V. The use of conversion model for CMOS IC prediction in space environments[J].IEEE Transactions on Nuclear Science, 1996, 43(6): 3182-3188.

[10] ZUPAC D, GALLOWAY K F, SCHRIMPF R D. Radiation induced mobility degradation in p channel double diffused metal oxide semiconductor power transistors at 300 and 77k[J]. Journal of Applied Physics, 1993, 73(6): 2910-2915.

[11] ESQUEDA I S, BARNABY H J, ALLES M L. Two-dimensional methodology for modeling radiation-induced off-state leakage in CMOS technologies[J].IEEE Transactions on Nuclear Science, 2004, 52(6): 2259-2264.

[12] OLDHAM T R, MCLEAN F B. Total ionizing dose effects in MOS oxides and devices[J].IEEE Transactions on Nuclear Science, 2003, 50(3): 483-499.

[13] WINLOUR P S. Limitations in the use of linear system theory for the prediction of hardened-MOS device response in space satellite environments[J].IEEE Transactions on Nuclear Science, 1982, 29(6): 2102-2106.

[14] 何宝平, 王桂珍, 周辉, 等. NMOS 器件不同剂量率 γ 射线辐射响应理论预估[J].物理学报, 2003, 52(1): 188-191.

[15] 张廷庆, 刘家璐, 李建军, 等. BF_2^+ 注入加固硅栅 PMOSFET 的研究[J]. 物理学报, 1999, 48(12): 2299-2303.

[16] 范隆, 任迪远, 张国强, 等. PMOS 剂量计的退火特性[J]. 半导体学报, 2000, 21(4): 383-387.

[17] NEAMEN D A. Modeling of MOS radiation and post irradiation effects[J]. IEEE Transactions on Nuclear Science, 1984, 31(6): 1439-1443.

第 7 章　纳米器件电离辐射总剂量
效应与可靠性

　　航天器在空间天然辐射环境中高可靠、长寿命需求对系统中电子器件的性能提出了越来越高的要求，即要求其具备高性能（高速、高可靠、低功耗）和强抗辐射能力。为了达到满足星用电子系统对核心器件的性能、规模和容量等方面的要求，新一代航天器等先进装备采用新型纳米器件已成为必然选择。纳米器件在空间的应用面临着辐射环境与常规可靠性的双重挑战[1-7]，地面模拟试验过程中，采用独立的判定标准有可能会造成空间电子器件生存寿命的错误预估。本章主要介绍纳米器件的电离辐射总剂量效应与可靠性效应。其中，7.1 节中总结 65nm 器件辐射敏感参数（如阈值电压、关态漏电流、栅漏电流等）随总剂量的变化规律、NMOSFET 器件辐射增强的窄沟效应、PMOSFET 器件辐射损伤敏感物理位置定位等。7.2 节中主要介绍 65nm 器件在重离子和 γ 射线辐照前后电应力作用下的变化规律，分析辐射效应对器件电应力效应的影响。7.3 节介绍纳米器件电离辐射总剂量效应与热载流子注入效应的相关性研究结果。

7.1　纳米器件电离辐射总剂量效应

7.1.1　电离辐射总剂量效应规律

1. 总剂量辐射对栅电流的影响

　　图 7.1 为 65nm 工艺尺寸下不同宽长比 MOSFET 器件辐射后栅电流密度的变化规律，宽长比表示为 W/L。从图中可以看出，对于 NMOSFET 器件和 PMOSFET 器件，辐射所致的栅电流增加与栅的面积成反比，面积越小，辐射所致栅电流密度的变化量越大。

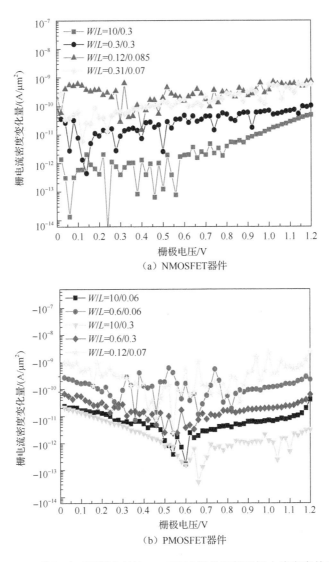

（a）NMOSFET器件

（b）PMOSFET器件

图 7.1   65nm 工艺尺寸下不同宽长比 MOSFET 器件辐射后栅电流密度的变化规律

2. 器件工艺参数对电离辐射总剂量效应的影响

辐射会导致 MOS 器件阈值电压漂移，关态漏电流、饱和电流、栅漏电流增加[8-10]。四种参数中，关态漏电流和阈值电压漂移对辐射更为敏感。对于 NMOSFET 器件，开态和关态两种辐射偏置下的阈值电压的差异并不明显，而关态漏电流差异较大（图 7.2）；对于 PMOSFET 器件，栅面积大时，开态辐射偏置明显劣于零偏；在栅面积小时，开态与零偏的辐射偏置差异不大。在相同宽长比时，沟道掺杂越低，NMOSFET 器件的阈值电压及关态漏电流退化更为严重（图 7.3）。

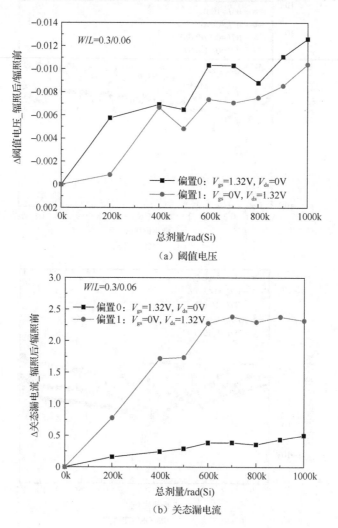

（a）阈值电压

（b）关态漏电流

图 7.2　典型 NMOSFET 器件不同辐射偏置敏感参数差异

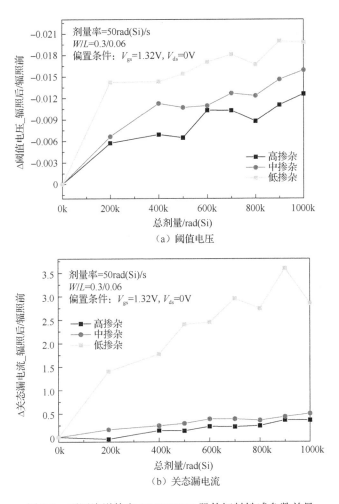

图 7.3　不同沟道掺杂 NMOSFET 器件辐射敏感参数差异

在相同的沟道掺杂下，对于 NMOSFET 器件，沟道宽度小的器件辐照后四种参数均变化更大；而沟道长度相同、宽度不同时，辐射导致的器件退化无明显差别，出现明显的辐照所致的窄沟效应，但短沟效应不明显（图 7.4）。对于 PMOSFET 器件，在开态偏置下，当沟道长度相同时，宽度越小，阈值电压、关态漏电流及饱和电流的负向漂移量越大；而栅漏电流则与此规律相反，沟道长度相同时，宽度越大，损伤越大。

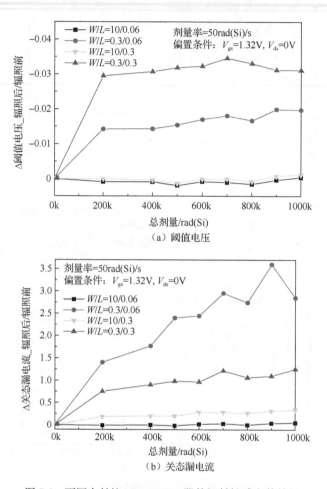

（a）阈值电压

（b）关态漏电流

图 7.4　不同宽长比 NMOSFET 器件辐射敏感参数差异

7.1.2　电离辐射总剂量效应机理

　　65nm 器件的栅氧化层厚度只有约 1.2nm，辐射感生产物对器件阈值电压、跨导、关态漏电流、饱和驱动电流等的影响可以忽略。但辐射同时还会在氧化层中新产生一些中性的陷阱，这些陷阱有可能作为电子隧穿的辅助中心，从而导致栅漏电流的增大，甚至出现栅软击穿、栅硬击穿[11]等效应，同时还有可能导致器件栅氧可靠性的退化，影响器件在空间使用的长期可靠。

　　随着器件工艺尺寸的不断缩小，栅氧化层不断变薄，但场氧化层的厚度并没有发生明显变化，STI 氧化层的厚度都在 300～450nm。辐射感生的氧化物陷阱电荷正比于氧化层厚度的平方。因此，纳米器件中场氧电离辐射总剂量效应导致的漏电流变得更加突出。STI 氧化层的电离辐射总剂量效应增加了 MOSFET 器件内部及 MOSFET 器件间的泄漏电流[12,13]，最终导致集成电路的功耗电流增大。电流的泄漏通道主要有三种，分别为单个 NMOFET 器件漏与源间的漏电、不同 NMOSFET 器件漏与源之间的漏电、NMOSFET 器件源或漏与 PMOSFET 器件的 N 阱间的漏电。研究表明，器件间的漏电相比于器件内的漏电是可以忽略的，因此对于器件间的漏电研得较少，国内外研究较多的是晶体管内的边缘漏电[14-17]。

对于如图 7.5 所示的条形栅 MOSFET 器件，栅电极跨在两侧的 STI 氧化层上，漏与源也会在 STI 氧化层中形成边缘电场，这些电场在辐射过程中会导致初始电离后更多的电子与空穴逃逸出初始复合，从而形成自由的电子-空穴对，电子迁移率高，很快逸出氧化层，而空穴则被逐渐输运到界面，并被氧化层中陷阱所俘获形成正的氧化物陷阱电荷，或与界面弱的 Si—H 键反应形成界面态陷阱。对于 NMOSFET 器件，正的氧化物陷阱电荷导致 STI 氧化层侧壁靠近沟道一侧的 Si 表面耗尽甚至反型，从而形成漏到源的泄漏通道。PMOSFET 器件则恰恰相反，正的氧化物陷阱电荷使 Si 表面积累，阻止了漏与源之间的漏电。

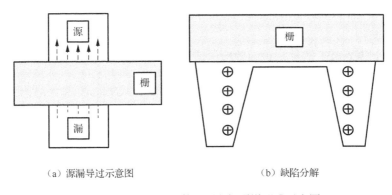

（a）源漏导过示意图　　　　　　　　　　（b）缺陷分解

图 7.5　MOSFET 器件漏源之间通道形成示意图

1. 阈值电压退化与栅的宽度和长度关系

辐射导致的短沟效应中阈值电压的变化可以用电荷共享模型解释[18]，体硅 NMOS 器件的电荷共享模型如图 7.6 所示。

在短沟道时，NMOSFET 器件的阈值电压比长沟道小，两者的阈值电压差为

$$\Delta V_{\mathrm{TN,s}} = -\frac{qN_{\mathrm{a}}x_{\mathrm{dT}}}{C_{\mathrm{ox}}}\left[\frac{r_j}{L}\left(\sqrt{1+\frac{2x_{\mathrm{dT}}}{r_j}}-1\right)\right] \tag{7.1}$$

式中，N_{a} 为沟道掺杂浓度；C_{ox} 为氧化层电容；L 为沟道长度；r_j 为源结和漏结的扩散结深；x_{dT} 为反型时的空间电荷区宽度。可以看出，沟道长度越小，短沟道所造成的阈值电压负漂越明显。对于 NMOSFET 器件，辐射感生产物使 STI 区

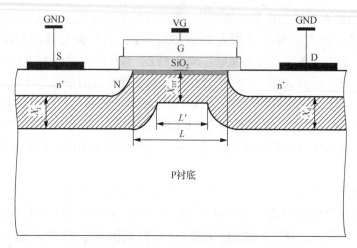

图 7.6　体硅 NMOSFET 器件的电荷共享模型示意图[18]

附近耗尽区域增大，形成源漏区的电子共享，从而缩短了源漏极靠近 STI 氧化层侧壁处的有效沟道长度，进一步增强了短沟效应，即辐射引起的短沟增强效应（RISCE）[19]。

对于 PMOSFET 器件，短沟效应所造成的阈值电压变化量为

$$\Delta V_{\text{TP,n}} = \frac{qN_a x_{\text{dT}}}{C_{\text{ox}}} \left[\frac{r_j}{L} \left(\sqrt{1 + \frac{2x_{\text{dT}}}{r_j}} - 1 \right) \right] \tag{7.2}$$

但与 NMOSFET 器件不同的是，辐射感生氧化物陷阱恒为正，在一定程度上降低了漏与 N 阱之间的偏压，导致耗尽层宽度缩小，靠近 STI 氧化层侧壁处的有效沟道长度增大，使阈值电压正漂，在一定程度上抑制了 PMOSFET 器件的短沟效应。

窄沟道时，NMOSFET 器件阈值电压的改变量为

$$\Delta V_{\text{TN,n}} = \frac{qN_a x_{\text{dT}}}{C_{\text{ox}}} \left(\frac{\xi x_{\text{dT}}}{W} \right) \tag{7.3}$$

式中，W 为不计窄沟效应时的沟道宽度；ξ 为考虑到横向空间电荷宽度后的调整参数。可以看出宽度越小，窄沟所导致的阈值电压变化量越大。但与短沟导致 NMOSFET 器件阈值电压负漂相反，窄沟效应会造成 NMOSFET 器件阈值电压的正向漂移。PMOSFET 器件的窄沟效应与 NMOSFET 器件的相反，故 PMOSFET 器件的短沟效应导致器件阈值电压正漂，窄沟效应导致器件阈值电压负漂。

辐射后（图 7.7），STI 氧化层侧壁积累辐射感生正的氧化物陷阱电荷 Q_{STI}，而沟道反型时反型层的总电荷量为 Q_i，耗尽层总的电荷为 Q_B，因此依据电荷守恒原理，在栅电极表面等效的电荷 Q_M 为

$$Q_{M} = Q_{i} + Q_{B} - Q_{STI} - Q_{gox} - \Delta Q_{gox} \qquad (7.4)$$

式中，Q_{gox} 为辐照前氧化层内本征的正陷阱电荷浓度；ΔQ_{gox} 为辐照过程中增加的量。因此，NMOSFET 器件的阈值电压可以表示为

$$V_{TN} = V_{ox} + 2\varphi_{fp} + \varphi_{ms} = \frac{Q_{M}}{C_{ox}A} + 2\varphi_{fp} + \varphi_{ms} \qquad (7.5)$$

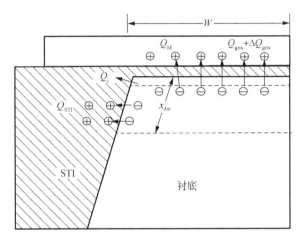

图 7.7　辐照所致的 NMOSFET 器件窄沟效应模型

辐射前后，NMOSFET 器件阈值电压漂移的变化量为

$$\Delta V_{TN,rad} = -\frac{Q_{STI}}{C_{ox}A} - \frac{\Delta Q_{gox}}{C_{ox}A} \qquad (7.6)$$

设 STI 区辐射感生氧化物陷阱电荷的表面浓度为 $N_{ot,STI}$，栅氧化层的辐射感生氧化物陷阱电荷为 $N_{ot,gox}$，则

$$\Delta V_{TN,rad} = -\frac{qN_{ot,STI}x_{dm}}{C_{ox}W} - \frac{qN_{ot,gox}}{C_{ox}} \qquad (7.7)$$

由式（7.7）可以看出，W 越小，辐射导致的阈值电压漂移越大，且漂移量为负值，与器件非辐射情况下的窄沟效应相反，因此可以说辐射效应抑制了器件的窄沟效应。

同理，对于 PMOSFET 器件，辐射感生的氧化物陷阱电荷带正电，将 STI 氧化层侧壁处 Si 中的正电荷推向沟道中央。推向沟道中央的正电荷增加了栅下方的电荷数，使得 Q_{M} 增加，从而导致阈值电压负向漂移，即

$$\Delta V_{TP,rad} = -\frac{qN_{ot,STI}x_{dm}}{C_{ox}W} - \frac{qN_{ot,gox}}{C_{ox}} \qquad (7.8)$$

可以看出，对于 N 沟器件，沟道的长度越小、宽度越小，即栅氧面积最小的器件，辐射损伤所造成的阈值电压负向漂移越严重。

当以归一化的阈值电压变化百分比比较不同宽长比的差异时：

$$\frac{\Delta V_{\text{TN,rad}}}{V_{\text{TN}}} = \frac{-\left|\Delta V_{\text{TN,rad,s}}\right| - \left|\Delta V_{\text{TN,rad,n}}\right|}{V'_{\text{TN}} - \left|\Delta V_{\text{TN,s}}\right| + \Delta V_{\text{TN,n}}} \tag{7.9}$$

$$\frac{\Delta V_{\text{TP,rad}}}{V_{\text{TP}}} = \frac{\left|\Delta V_{\text{TP,rad,s}}\right| - \left|\Delta V_{\text{TP,rad,n}}\right|}{V'_{\text{TP}} + \Delta V_{\text{TP,s}} - \left|\Delta V_{\text{TP,n}}\right|} \tag{7.10}$$

式中，V'_{T} 为不考虑短沟及窄沟效应时的阈值电压；$\Delta V_{\text{TN,rad,s}}$、$\Delta V_{\text{TN,rad,n}}$ 分别为辐照后窄沟或短沟所造成的阈值电压漂移。对于 NMOFET 器件，式中分子绝对值随栅的长度及宽度的缩小而增大，但分母有可能随之增大，而导致归一化阈值电压变化百分比并不出现在栅面积最小时。

2. 漏源关态漏电流退化和栅宽、栅长的关系

众所周知，MOSFET 器件的漏源电流 $I_{\text{ds}} \propto W/L$。对于 NMOSFET 器件而言，辐射感生在 STI 氧化层侧壁处的氧化物正电荷使寄生晶体管开启，此时的漏源电流为本征管与寄生管的电流之和，若只考虑窄沟效应，即

$$I_{\text{doff}} \approx \frac{W_{\text{eff}}}{L} A + \frac{W - W_{\text{eff}}}{L} B \tag{7.11}$$

式中，W_{eff} 为有效沟道宽度；A 和 B 为两个正系数，与器件宽度与长度无关，在漏源电压、栅电压及总剂量确定的情况下为常数。因此，式（7.11）约等号右边第一项为本征管的漏电流，第二项为辐射所致的漏电流。假设辐照前不存在寄生漏电路，则 $I_{\text{doff0}} = (W/A)A$，故辐射所致漏电流的退化百分比为

$$\frac{\Delta I_{\text{doff}}}{I_{\text{doff0}}} = \left(1 - \frac{W_{\text{eff}}}{W}\right)\frac{B - A}{A} \tag{7.12}$$

当 W 较大时，$W_{\text{eff}} \approx W$，因此漏电流的退化几乎不明显；当 W 较小时，W_{eff}/W 更大，导致漏源电流出现明显的增加。

在只考虑辐射所致的短沟效应时，假设 W 不变，此时没有形成源漏间的边缘漏电通道，因此短沟效应只导致了本征管有效长度的减小、漏电流的增大。但由于沟道的减小只发生于漏极与 STI 氧化层接触的很小一部分处，因此短沟效应不明显。

对于 PMOSFET 器件，STI 氧化层侧壁辐射感生的氧化物陷阱电荷抑制了原有的寄生管漏电，降低了源与 N 阱间的电势，导致耗尽层缩小，源漏靠近 STI 氧化层侧壁处有效沟道长度变大，但也使本征管的有效宽度变小（正的氧化物陷阱

电荷削弱了栅电极的边缘电场，使耗尽层缩小）。假设沟道长度 L 辐射前后不变化，辐射前本征管的沟道宽度为 W，辐射前存在边缘漏电，且其等效沟道宽度为 W_{para}，则辐射前的漏电流为

$$I_{doff0} = -\frac{W}{L}A - \frac{W_{para}}{L}B \tag{7.13}$$

辐射导致其有效宽度减小 ΔW，则辐射后的漏电流可表示为

$$I_{doff} = -\frac{W - \Delta W}{L}A - \frac{W_{para} + \Delta W}{L}B \tag{7.14}$$

因此，辐射前后漏电流的归一化变化量为

$$\frac{\Delta I_{doff}}{I_{doff0}} = -\frac{A - B}{AW/\Delta W + BW_{para}/\Delta W} \tag{7.15}$$

式中 W 越小，$W/\Delta W$ 和 $W_{para}/\Delta W$ 越小，因此辐射前后漏电流归一化绝对值越大。

3. PMOS 和 NMOS 器件辐射敏感性分析

在相同的工艺、辐照总剂量条件下，PMOS 器件的辐射损伤明显大于 NMOS 器件的。由于 PMOS 器件场氧化层中的辐射感生氧化物陷阱电荷使 STI 氧化层侧壁表面处形成积累层，阻止了边缘漏电，且在开态情况下，电离产物的空穴向远离 STI 氧化层侧壁的方向输运。因此，栅氧化层及场氧化层的辐射效应不是造成 PMOS 损伤更劣的原因。

在深入研究纳米器件结构及电离辐射总剂量效应机理的基础上，认为导致这一现象的主要原因是栅电极两侧 STI 氧化层侧壁电离辐射总剂量效应及轻掺杂漏（lightly doped drain，LDD）区的相互耦合作用。LDD 工艺是 CMOS 集成电路进入亚微米级后应用最广泛的技术之一，该技术很好地改善了沟道电场分布，避免了在器件漏端的强场效应，在可靠性方面明显提高了器件及电路的热载流子寿命。

小尺寸 NMOS 器件，LDD 区对阈值电压的影响可用式（7.16）表示[20]：

$$V_{th} = V_{th0} - \frac{2\left[V_{ds} + V_{bi} + \sqrt{(V_{ds} + V_{bi})e^{L_{eff}/l}(V_{bi} - 2\Phi_B)}\right]}{q^{L_{eff}/l}} \tag{7.16}$$

式中，V_{th0} 为未加 LDD 区时的阈值电压；L_{eff} 为沟道有效长度，近似估算为 $L_{eff} = L_g - 2\delta \cdot X_j$（其中 X_j 为 LDD 结深，δ 为经验参数，L_g 为未加 LDD 时的沟道长度）；l 为沟道特征长度；V_{bi} 为 LDD 区域与衬底结上自建电势，其表达式为

$$V_{bi} = \frac{K_0 T}{q}\ln\frac{N_{LDD} \cdot N_{sub}}{n_i^2} \tag{7.17}$$

式中，N_{LDD} 和 N_{sub} 分别为 LDD 区及衬底区的掺杂浓度；n_i 为本征载流子浓度。由此可见，MOS 器件的阈值电压与 LDD 区的内建电势紧密相关。

在辐照后，LDD 区上方的厚氧化层中辐射感生了正的氧化物陷阱电荷，相当于在 LDD 区上方施加了一个正的电压，若设该电压落在 LDD 区与衬底结间上的电压为 $V_{ox,LDD}$，则此时 LDD 区与衬底结的内建电势可表示为

对于 NMOS 器件：

$$V_{bi,rad} = V_{bi} + V_{ox,LDD}$$

对于 PMOS 器件：

$$V_{bi,rad} = V_{bi} - V_{ox,LDD}$$

依据半导体物理知识，对于 NMOS 器件，当表面反型时，LDD 区与衬底结的内建电势约为 $2\phi_{fp}$（ϕ_{fp} 为衬底结的费米势）。因此，LDD 区与衬底结附近为了达到反型，需要施加的表面势如下。

对于 NMOS 器件：

$$\phi_{s,n} = 2\phi_{fp} - V_{bi} - V_{ox,LDD}$$

对于 PMOS 器件：

$$\phi_{s,p} = 2\phi_{fn} - V_{bi} + V_{ox,LDD}$$

因此，对于 NMOS 器件，在 LDD 区与衬底结附近表面反型的电压减小，而在 PMOS 器件中，该处反型的电压增大（图 7.8）。

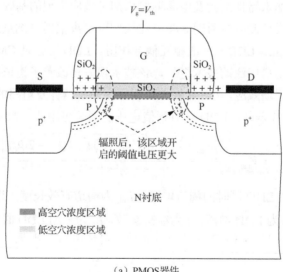

（a）PMOS器件

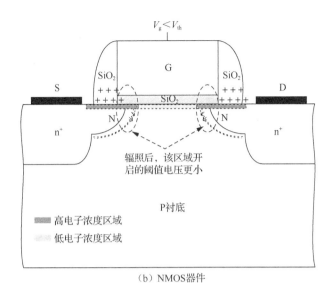

（b）NMOS 器件

图 7.8　LDD 区中的氧化物电荷对阈值电压的影响

　　在总剂量效应测试中，通过测量沟道电流来反推器件的阈值电压。假设在沟道中间的阈值电压为 V_{th0}，LDD 区与衬底结附近的反型电压为 $V_{th,LDD}$。在 NMOS 器件中，$V_{th,LDD} < V_{th0}$，但只有所有沟道一同反型时，才可能测量得到沟道电流，因此对于整个沟道而言，此时沟道开启的电压依然等于 V_{th0}。对于 PMOS 器件而言，$|V_{th,LDD}| > |V_{th0}|$，要想测量得到沟道电流，只有当栅压 $V_{gs} \geqslant V_{th,LDD}$ 时，此时所测的阈值电压等于 $V_{th,LDD}$。因此，在实验现象上表现为 NMOS 器件的阈值电压基本不变，但 PMOS 器件的阈值电压不断负漂，导致 PMOS 器件的辐射损伤比 NMOS 器件更为严重。

7.2　辐照和电应力对纳米器件的影响

　　由于纳米器件的超薄栅氧化层，其栅氧化层的可靠性问题更为突出。例如，经时击穿（time dependent dielectric breakdown，TDDB）效应、氧化层软击穿、应力引发的漏电流、偏压温度不稳定性（bisa temperature instability，BTI）效应和沟道热载流子（channel hot carrier，CHC）效应等。在辐射情况下纳米器件的可靠性问题是否变得更加严重，目前国内外还没有定论。

7.2.1　重离子辐照对纳米器件转移特性的影响

　　图 7.9 是 65nm PMOS 器件和 NMOS 器件在重离子辐照前后的 I_d-V_g 曲线，可

以看出经过重离子辐照后，辐照前后的 I_d-V_g 曲线只有关态漏电流略有差异，其他几乎完全重合。

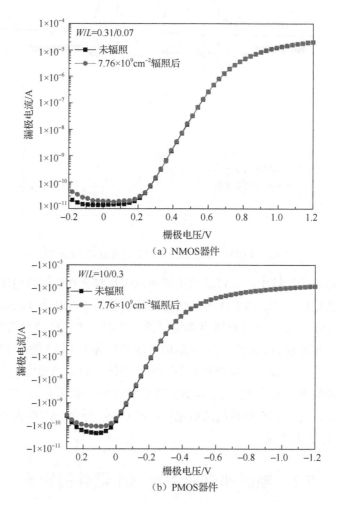

图 7.9　65nm MOS 器件在重离子辐照前后的 I_d-V_g 曲线

图 7.10（a）是 65nm NMOS 器件在重离子辐照前后的 I_g-V_g 曲线，与 I_d-V_g 曲线的结果类似，没有观察到明显的变化。图 7.10（b）是 65nm PMOS 器件在重离子辐照前后的 I_g-V_g 曲线，重离子辐照后，栅极电流有明显增大。与 NMOS 器件电离辐射总剂量效应的试验数据相比，其重离子下的辐照损伤明显劣于电离辐射总剂量效应的。认为是高能粒子导致的栅软击穿效应，因为高能粒子具有较大的 LET 值，在栅氧化层中瞬时沉积较多的能量，使在离子入射径迹周围电离产生大量的电子-空穴对，从而使在径迹周边形成电子陷阱的概率和浓度也远大于低 LET

值的离子。在电子从阴极隧穿过氧化层到阳极的过程中，这些电子陷阱起辅助中心的作用，能降低电子隧穿的势垒，使得电子更容易隧穿到阳极，从而导致栅漏电流的瞬时增大。与 NMOS 器件相比，PMOS 器件对重离子辐照相对更为敏感，器件的栅极电流有更为明显的退化。

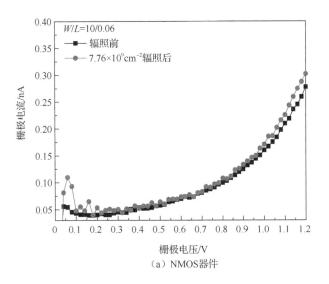

（a）NMOS器件

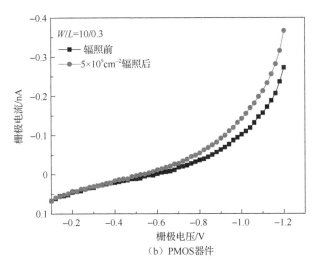

（b）PMOS器件

图 7.10　65nm MOS 器件在重离子辐照前后的 I_g-V_g 曲线

7.2.2　电应力和辐照对纳米器件转移特性的影响

图 7.11 为 65nm NMOSFET 加电应力前后的 I_d-V_g 曲线。其中，图 7.11（a）

为施加电应力前不进行辐照处理的试验结果，施加电应力后，转移特性曲线向右漂移，饱和漏极电流稍有降低。图 7.11（b）和（c）分别为总剂量辐照 1Mrad(Si) 后及重离子辐照总注量为 $7.76×10^9 cm^{-2}$ 后，再给器件施加电应力所测的转移特性曲线。在加电应力约 1000s 后，阈值电压开始快速变化。但器件辐照后的电应力结果与未辐照电应力试验结果相近，表明辐照对器件电应力特性的影响较小。

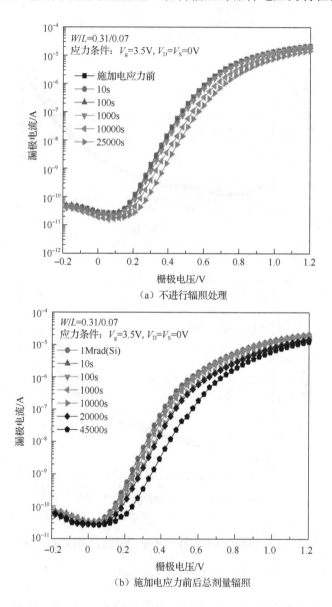

（a）不进行辐照处理

（b）施加电应力前后总剂量辐照

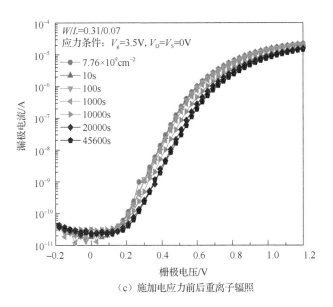

（c）施加电应力前后重离子辐照

图 7.11　65nm NMOSFET 加电应力前后的 I_d-V_g 曲线

7.2.3　电应力和辐照对纳米器件栅极电流的影响

图 7.12（a）为 65nm NMOSFET 器件没有辐照直接施加电应力后，栅极电流随栅极电压的变化曲线，可以看出施加电应力后，栅极电流在栅极电压为 1.2V 时基本不变，在低压区，栅极电流有微弱变小的趋势。图 7.12（b）为总剂量辐照 1Mrad(Si)后，再为器件施加电应力所测的器件栅极电流曲线，其随应力变化规律与图 7.12（a）相似。

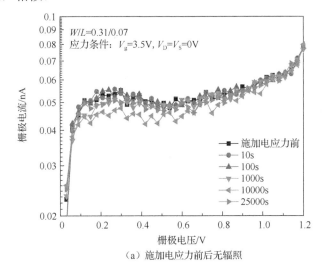

（a）施加电应力前后无辐照

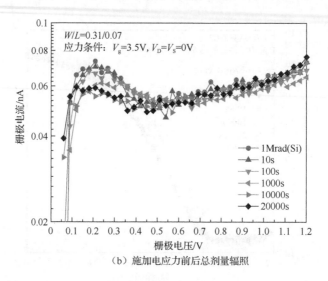

（b）施加电应力前后总剂量辐照

图 7.12　65nm NMOSFET 器件加电应力前后的 I_g-V_g 曲线变化

7.3　纳米器件沟道热载流子效应和电离辐射总剂量效应关联分析

当 MOSFET 器件进入纳米工艺节点，虽然器件的栅氧化层减小了，但是电离辐射总剂量效应由于 STI 技术的引入却并没有减弱，STI 区域电荷俘获引起横向寄生晶体管打开，致使在器件中产生了泄漏路径，从而引起了很大的泄漏电流[21,22]。当泄漏电流累积到一定的程度时，就会引起器件失效，进而影响航天设备的寿命。同时，当器件特征尺寸进入纳米尺度后，其工作电压并没有随着特征尺寸（如栅氧厚度、沟道长度等）等比例缩小而缩小，导致整体电场增加，这使得器件长期存在可靠性退化问题。例如，随着尺寸缩小导致沟道电场增强而出现的热载流子注入（hot carrier injection，HCI）效应[23,24]，其中沟道热载流子（channel hot carrier，CHC）效应问题是纳米晶体管中严重的可靠性问题之一。航天器在空间应用中，其纳米电子器件始终面临着辐射环境与常规可靠性的双重挑战，如果用单一作用机理的判定标准会造成电子器件可靠性的乐观估计。为了保证航天设备在空间环境中长期稳定运行，研究纳米器件电离辐射总剂量效应和常规可靠性的关联性是非常必要的。

7.3.1　电离辐射总剂量效应和沟道热载流子效应的综合作用

图 7.13 为 40nm NMOS 器件累积总剂量辐照 4Mrad(Si) 的 TID 效应和 CHC 效应综合作用试验结果。总剂量辐照试验在西北核技术研究所 10keV-X 射线源上进行，辐照偏置为开态（NMOS：V_g=1.1V，V_D=V_S=0V），辐照剂量率为 670rad(Si)/s。

CHC 效应过程中电应力施加条件为 $V_g=V_D=1.6V$,$V_S=0V$,时间为 30000s。图 7.13(a)为先 TID 效应后 CHC 效应共同作用结果;图 7.13(b)为先 CHC 效应后 TID 效应共同作用结果。

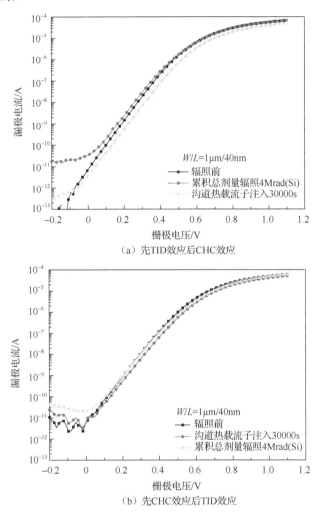

(a)先TID效应后CHC效应

(b)先CHC效应后TID效应

图 7.13 40nm NMOS 器件 TID 效应和 CHC 效应综合作用试验结果

从图 7.13 中可以看出,CHC 效应和 TID 效应都会对 40nm NMOS 器件产生影响,在只受电离辐射总剂量效应之后器件的转移特性曲线左移,而在只受沟道热载流子效应影响后器件的转移特性曲线右移。但是两者共同作用之后,先 TID 效应后 CHC 效应共同作用引起的特性曲线右移程度大于 CHC 效应单独作用结果。先 CHC 效应后 TID 效应引起的特性曲线左移程度要小于只受 TID 效应的影响。图 7.14 为 TID 效应与 CHC 效应不同组合试验对 40nm NMOS 器件阈值电压的影响。可以看出,CHC 效应单独作用引起的阈值电压变化量为 29.3mV,先 TID

效应后 CHC 效应引起的阈值电压变化量为 43mV，而先 CHC 效应后 TID 效应引起的阈值电压变化量为 5.8mV。

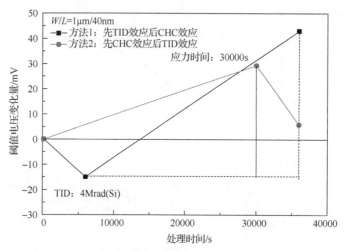

图 7.14　TID 效应和 CHC 效应不同组合试验对 40nm NMOS 器件阈值电压的影响

7.3.2　电离辐射总剂量效应和沟道热载流子效应耦合机理

TID 效应主要研究 STI 氧化层陷阱电荷和界面态陷阱电荷对器件的影响，并考虑辐照感生缺陷的退火过程。CHC 效应主要是由于载流子获得高于势垒高度的能量而注入栅介质中，从而产生陷阱电荷的过程。仿真时主要考虑电离碰撞效应、隧穿效应、沟道热载流子效应、衰减效应和载流子-载流子散射效应等。40nm NMOS 器件仿真结构如图 7.15 所示。

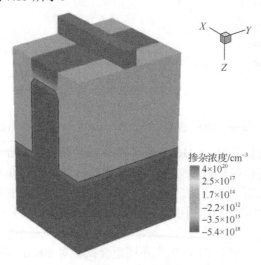

图 7.15　40nm NMOS 器件仿真结构图

由于纳米器件栅氧化层厚度非常薄，辐照在栅氧化层中产生的陷阱电荷非常小，不足以影响到器件的本征特性，但电离辐射会在 STI 区域产生大量的电子-空穴对。由于栅极区域部分跨越 STI 顶部，会在这部分隔离氧化层中产生电场，所以电子会被 STI 中的电场迅速扫出氧化物，留下带正电的空穴。没有参与复合的空穴被浅槽隔离层边缘的陷阱俘获，产生正的氧化层陷阱电荷。在辐射过程中，随着氧化层陷阱电荷的不断累积，最终会在隔离氧化层中形成一个较大的电场。当这个电场强度达到了一定值后，NMOS 器件隔离氧化层附近的 P 型外延表面反型，源漏端之间就出现了泄露路径，TID 效应仿真结果如图 7.16 所示。CHC 效应是由于沟道中电子注入栅介质材料而产生的。当源漏电压和栅极电压都较高时，沟道水平方向有较高的电场，载流子沿着水平方向运动，在沟道电场中加速获得高能量，在高栅极电压的作用下，具有高能量的电子，发生电子-电子散射，改变运动方向直接射向 Si/SiO$_2$ 界面，且最终翻越势垒，注入氧化层介质中，一部分会在界面处产生界面态。发生沟道热载流子注入效应的偏置条件是 $V_G \approx V_D$，该效应主要出现在短沟道器件中。沟道热载流子注入效应会在 Si/SiO$_2$ 界面处产生负的界面态，在栅氧化层中产生负的氧化层陷阱电荷，导致 NMOS 器件的阈值电压、跨导、线性区漏极电流等参数发生变化，仿真结果如图 7.17 所示。

1. 先 TID 效应后 CHC 效应试验对纳米 MOS 器件的影响

对于纳米 MOS 器件，TID 效应主要作用于 STI 部分，在 STI 中引入了氧化层陷阱正电荷，并会在隔离氧化层/外延界面附近的衬底一侧沟道的地方感生出大量的电子。但是在长时间的退火情况下，STI 中的氧化层陷阱正电荷浓度又会因热激发或衬底隧穿效应而减少，进而引起沟道一侧感生出的电子浓度减少，如图 7.18 所示。

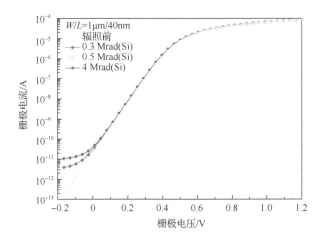

图 7.16　40nm NMOS 器件 TID 效应仿真结果

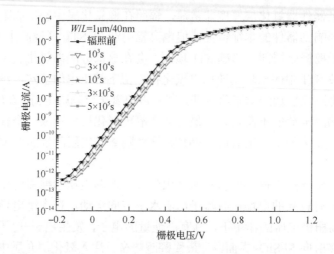

图 7.17   40nm NMOS 器件 CHC 效应仿真结果

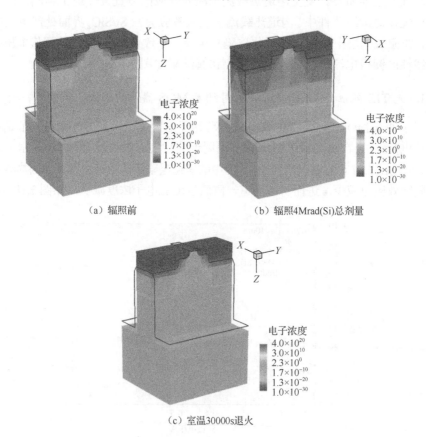

（a）辐照前 　　　　　　　　　（b）辐照4Mrad(Si)总剂量

（c）室温30000s退火

图 7.18   在 TID 效应作用下 40nm NMOS 器件沟道电子浓度分布

CHC 效应是由于沟道中的电子发生电子-电子散射，获得高能量而进入栅氧介质中。TID 效应和 CHC 效应二者的关联点在于本征沟道中的电子。对于先 TID 效应后 CHC 效应试验，TID 效应会显著增加沟道中的电子浓度，导致电子散射的概率增加，使得下一步的 CHC 效应更容易产生氧化层陷阱负电荷和界面陷阱负电荷（图 7.19），使得本征管曲线向正向发生漂移。在长时间电应力作用下，STI 中的氧化层陷阱正电荷会发生退火效应，导致寄生沟道电子浓度减小，引起寄生管曲线发生正向漂移。两效应综合作用的结果导致器件的损伤要大于 CHC 效应单独作用结果，如图 7.20 所示。在先 TID 效应后 CHC 效应试验中，两种效应具有相关性。

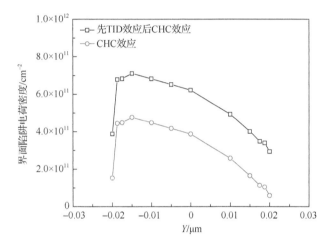

图 7.19　界面陷阱电荷沿 Y 轴的分布

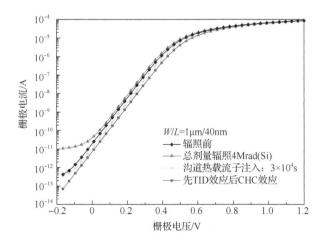

图 7.20　40nm NMOS 器件在综合作用下的 I_d-V_g 曲线

2. 先 CHC 效应后 TID 效应试验对纳米 MOS 器件的影响

对于先 CHC 效应后 TID 效应试验，CHC 效应会在 Si/SiO$_2$ 界面形成界面陷阱负电荷，同时沟道热载流子注入会在氧化层中产生氧化物陷阱负电荷，引起阈值电压向正向漂移。后续的 TID 效应在 STI 氧化层中产生大量的氧化物陷阱正电荷，并在 Si/SiO$_2$ 界面附近 Si 的一侧感生出更多的电子，增加了寄生晶体管沟道的电流密度（图 7.21），从而使得泄漏电流更大了，阈值电压向负向漂移。CHC 效应作用位置为栅氧介质，而 TID 效应的作用位置为 STI 部分，CHC 效应在栅氧介质处形成的缺陷对后续 TID 效应的 STI 寄生管影响因两者相对位置较远而可以忽略，两者共同作用只是一个相消的过程。因此，在两者综合作用下曲线右移程度没有 CHC 效应单独作用时明显，左移程度没有 TID 效应单独作用时明显，阈值电压漂移处于两种效应单独作用之间，如图 7.22 所示。两种效应不具有相关性，综合效应只是两种效应的叠加结果。

CHC 效应和 TID 效应单独作用都会对纳米 NMOS 器件产生影响，但在综合作用下的相关性依赖于两者的先后试验顺序。在先 TID 效应后 CHC 效应的综合作用下，器件的损伤要大于 CHC 效应单独作用结果，两种效应具有一定相关性，两者的关联点在于本征沟道中的电子。先进行 TID 效应试验，在 STI 中形成的辐射缺陷会显著增加本征沟道中的电子浓度，导致本征沟道中电子散射的概率增加，从而会使后续 CHC 效应更容易在栅氧化层中形成氧化物陷阱负电荷和界面陷阱负电荷。在先 CHC 效应后 TID 效应的综合作用下，器件的损伤小于 TID 效应和 CHC 效应单独作用的结果，两者共同作用只是一个相消的过程，综合效应只是两种效应的叠加结果，两者没有相关性。

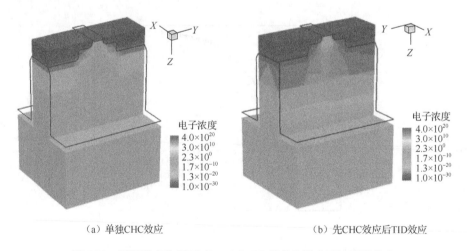

（a）单独 CHC 效应　　　　　　　　　　　（b）先 CHC 效应后 TID 效应

图 7.21　不同效应作用下 40nm NMOS 器件沟道电子浓度的分布

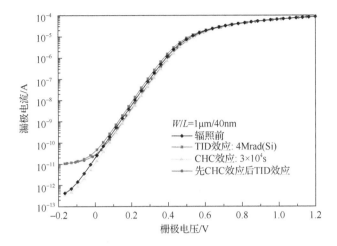

图 7.22 40nm NMOS 器件在不同效应作用下的 I_d-V_g 曲线

参 考 文 献

[1] FLEETWOOD D M. Effects of hydrogen transport and reactions on microelectronics radiation response and reliability[J]. Microelectronics Reliability, 2002, 42(4-5): 523-541.

[2] MASSENGILL L M, CHOI B K, FLEETWOOD D M, et al. Heavy-ion-induced breakdown in ultra-thin gate oxides and high-k-dielectrics[J]. IEEE Transactions on Nuclear Science, 2001, 48(6): 1904-1912.

[3] FLEETWOOD D M, MILLER S L, REBER R A, et al. New insights into radiation-induced oxide-trap charge through thermally stimulated current measurement and analysis[J]. IEEE Transactions on Nuclear Science, 1992, 39(6): 2192-2203.

[4] FLEETWOOD D M, RODGERS M P, TSETSERIS L, et al. Effects of devices aging on microelectronics radiation response and reliability[J]. Microelectronics Reliability, 2007, 47(7): 1075-1085.

[5] FLEETWOOD D M, XIONG H D, LU Z Y, et al. Unified model of hole trapping, 1/f noise, and thermally stimulated current in MOS devices[J]. IEEE Transactions on Nuclear Science, 2002, 49(6): 2674-2683.

[6] BARANOWSKI R, FIROUZI F, KIAMEHR S, et al. On-line prediction of NBTI-induced aging rates[C]. Design, Automation and Test in Europe Conference & Exhibition, Grenoble, 2015: 589-592.

[7] 吴丰顺, 王磊, 吴懿平, 等. 集成电路互连线电迁移测试方法与评价[J]. 微电子学, 2004, 34(5): 489-492.

[8] FLEETWOOD D M, EISEN H A. Total dose radiation hardness assurance[J]. Transactions on Nuclear Science, 2003, 50(3): 552-564.

[9] OLDHAMT R, MELEANF B. Total ionizing dose effects in MOS oxides and devices[J]. Transactions on Nuclear Science, 2003, 50(3): 483-499.

[10] PAILLET P, SEHWANK J R, SHANEYFELT M R. Total dose hardness assurance testing using laboratory radiation sources[J]. Transactions on Nuclear Science, 2003, 50(6): 2310-2315.

[11] 郝跃, 刘红侠. 微纳米 MOS 器件可靠性与失效机理[M]. 北京: 科学出版社, 2008.

[12] MCLAIN M, BARNABY H J, HOLBERT K E, et al. Enhanced TID susceptibility in Sub-100 nm bulk CMOS I/O transistors and circuits[J]. IEEE Transactions on Nuclear Science, 2007, 54(6): 2210-2217.

[13] FACCIO F, BARNABYH J, CHEN X J, et al. Total ionizing dose effects in shallow trench isolation oxides[J]. Microelectronics Reliability, 2008, 48(7): 1000-1007.

[14] ESQUEDA I S, BARNABY H J, ALLES M L. Two dimensional methodology for modeling radiation induced off-state leakage in CMOS technologies[J]. IEEE Transactions on Nuclear Science, 2005, 52(6): 2259-2265.

[15] JUN B, DIESTELHORST R M, MARCO B, et al. Temperature dependence of off-state leakage current in X-ray irradiated 130nm CMOS devices[J]. IEEE Transactions on Nuclear Science, 2006, 53(6): 3203-3209.

[16] TUROWSKI M, RAMAN A, SCHRIMPFR D. Nonuniform total-dose induced charge distribution in shallow-trench isolation oxides[J]. IEEE Transactions on Nuclear Science, 2000, 51(6): 3166-3171.

[17] JOHNSTONA H, SWIMMR T, ALLENG R. Total dose effects in CMOS trench isolation regions[J]. IEEE Transactions on Nuclear Science, 2009, 56(4): 1941-1949.

[18] FLAMENT O, DUPONT-NIVET E, LERAY J L, et al. High total dose effects on CMOS/ SOI technology[J]. IEEE Transactions on Nuclear Science, 1992, 39(3): 376-380.

[19] YOUK G U, KHAREP S, SCHRIMPFR D, et al. Galloway, Radiation enhanced short channel effects due to multidimensional influence from charge at trench isolation oxides[J]. IEEE Transactions on Nuclear Science, 1999, 46(6): 1830-1835.

[20] 施敏, 伍国珏. 半导体物理与器件[M]. 3 版. 耿莉, 张瑞智, 译. 西安: 西安交通大学出版社, 2008.

[21] BARNABYH J. Total ionizing dose effect in modern CMOS technologies[J]. IEEE Transactions on Nuclear Science, 2006, 53(6): 3103-3121.

[22] FACCIO F, CERVELLI G. Radiation-induced edge effects in deep submicron CMOS transistors[J]. IEEE Transactions on Nuclear Science, 2005, 52(6): 2413-2420.

[23] HU C M, TAM S C, HSU F C, et al. Hot electron induced MOSFET degradation model, monitor and improvement[J]. IEEE Transactions on Electron Devices, 1985, 32(2): 375-385.

[24] TAKEDA E, SUZUKI N. An empirical model for device degradation due to hot carrier injection[J]. IEEE Electron Device Letters, 1983, 4(4): 111-113.

第 8 章　系统级电离辐射总剂量效应

空间辐射环境会在电子系统或电子器件中产生电离辐射累积效应（简称为电离辐射总剂量效应）[1-10]，从而导致电子系统电参数的退化甚至功能失效，严重影响航天器的寿命及可靠性。因此，电子系统应用之前必须开展抗总剂量性能评估试验。电子系统中，电子器件相比于分立的电阻、电容、PCB 板、接插件等，对空间辐射环境更为敏感，其抗总剂量性能试验评估方法受到了国内外的普遍关注，已经形成了多种较为成熟的电离辐射总剂量效应模拟试验方法，如 GJB 548B 1019.2、GJB 5422—2005 和 MIL-STD-883H 1019.6 等。但电子系统的抗总剂量性能试验评估方法，国内外均处于探索阶段[11,12]。本章主要介绍电子系统总剂量辐射损伤模式、效应传播规律、行为建模和仿真技术及试验方法等。其中，8.1 节介绍模数转换器电离辐射总剂量效应及行为仿真技术，8.2 节介绍电子系统总剂量辐射损伤与功能模块损伤之间的关系、系统辐射效应敏感参数和行为建模及仿真等，8.3 节介绍电子系统电离辐射总剂量效应试验方法。

8.1　模数转换器电离辐射总剂量效应及行为建模

仿真建模手段的应用，对辐射环境中电子器件辐射效应、损伤机理和加固技术研究均有事半功倍的效果。利用 TCAD 从晶体管级开展仿真建模，表征氧化层中辐射感生产物对器件性能的影响机理；基于电路级仿真软件（simulation program with integrated circuit emphsis，SPICE）的电路级辐射效应建模，在获取晶体管级辐射效应模型的基础上，研究电路级器件的辐射响应规律。然而，随着电路/系统规模的增大，利用 SPICE 仿真工具解决电子系统或混合信号器件的电离辐射总剂量效应仿真问题，显然不能满足实际需求。基于 VHDL-AMS 的行为级仿真建模技术在电子器件/系统的辐射效应研究方面具有较好的应用价值。其基本建模思路是根据器件/电路结构按数字电路、模拟电路和混合信号电路进行模块划分，按照各模块在电路中的功能作用，分模块建立各自的仿真模型，一般遵循数字电路采用 VHDL 语言描述，无源器件或抗辐射性能较高的模拟电路采用 SPICE 模型，混合信号电路或者抗辐射性能较弱的模拟电路采用 VHDL-AMS 语言建立其电离辐射总剂量效应模型。器件/系统电离辐射总剂量效应行为级仿真建模思路如图 8.1 所示。

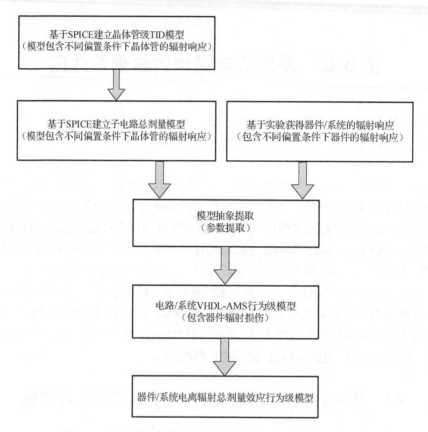

图 8.1　器件/系统电离辐射总剂量效应行为级仿真建模思路

　　首先，结合晶体管级电离辐射总剂量效应试验数据及理论分析建立晶体管级
SPICE 电离辐射总剂量效应模型，模型中包含晶体管级辐照敏感参数随总剂量及
辐照偏置的退化规律；在此基础上，利用建立的晶体管级 SPICE 电离辐射总剂量
效应模型建立子电路模型，常包含简单模拟运算放大器、电路比较器和电压基准
等模拟电路，仿真模拟不同总剂量时，子电路的辐射损伤，并获得辐射敏感参数
随总剂量及偏置条件的变化规律。其次，对于电路的行为级仿真建模过程，也可
以采用基于试验获得器件或子电路在不同偏置条件下的辐射响应规律，偏置条件
的选择应包含器件在电路中所处的偏置状态；基于试验数据或仿真模拟获得结果，
并结合算法优化，利用 VHDL-AMS 语言对子电路或器件的电离辐射总剂量效应
进行抽象建模，迭代验证建立行为级电离辐射总剂量效应模型的准确性。最后，
各器件/系统模型的组合实现器件/系统电离辐射总剂量效应行为级仿真建模。

8.1.1 模数转换器电离辐射总剂量效应

图 8.2 为不同辐射偏置条件下模数转换器斜波测试结果，试验样品为 TLC 公司八位串并行模数转换器 TLC0820。在输入 5V 恒定电压值的偏置条件下，当总剂量为 20krad(Si)，在输出低码值时低 4 位输出变为 "0000"，并且随着输出码值的增大，模数转换器低 4 位输出恢复正常。在输入电压为 0V 的偏置条件下辐照时，总剂量辐照后模数转换器的低 4 位出现明显失码，其输出变成 "1111"。在输入电压为 5V、频率为 1kHz 的正弦波偏置条件下辐照时，总剂量辐照后模数转换器在较低码值输出条件下出现低位失码，输出变为 "0000"，并且随着输出码值的增大，失码消失。在零偏偏置条件下，器件未发生明显的辐射损伤。

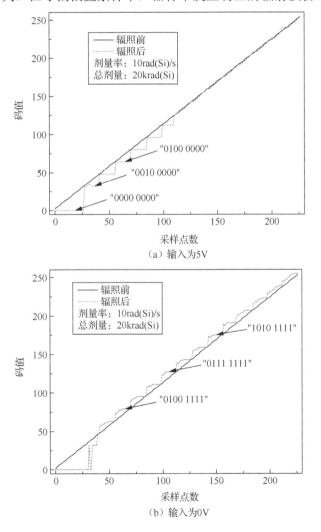

（a）输入为5V

（b）输入为0V

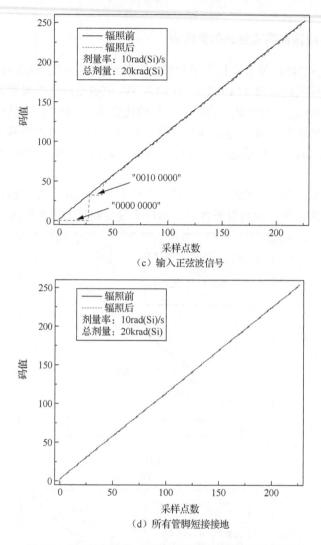

图 8.2　不同辐射偏置条件下模数转换器斜波测试结果

8.1.2　模数转换器电离辐射总剂量效应行为建模

以典型的八位串并行 FLASH 型模数转换器为例，从其结构层次出发，将模数转换器划分为若干子模块，并进行电离辐射总剂量效应行为建模。八位串并行模数转化器内部架构如图 8.3 所示。在建模过程中采取分模块建模，随后将各模块按内部结构图进行组合，各模块包含相应的辐射效应信息，从而获得八位串并行模数转换器的辐射效应模型。四位全并行模数转换器是八位串并行模数转换器内部重要的组成模块，其内部包含 15 个比较器、16 个电阻和逻辑输出电路。在对四位全并行模数转换器行为级建模时，其中电阻网络、比较器网络按照结构组建，各个连接节点的电压和电流通过基尔霍夫定律和欧姆定律求解，比较器总剂量模型采用行为级仿真方法建立，对于译码电路仅描述其功能。八位串并行模数转换器的辐射响应随着其内部各个模块的辐射响应而发生变化，同时八位串并行模数转换器的偏置条件将决定内部各个模块的辐射响应。编写测试向量对模型进行测试，测试过程中，给模型提供的输入条件包括：测试向量、时钟信号、供电电压和辐照条件等。测试向量文件包含辐照偏置信息和测试的斜波信息。此外，为了更为直观地观察八位串并行模数转换器的输出随总剂量的变化规律，在这里利用 VHDL-AMS 语言编写的理想八位串并行模数转换器，将八位串并行模数转换器的输出转换成模拟量。由于对八位串并行模数转换器内部电路详细信息了解不足的限制，仅考虑比较器网络为辐射敏感模块，且定性地利用 SPICE 对比较器网络进行辐照敏感参数分析，对 V_{io} 进行电离辐射总剂量效应建模。对八位串并行模数转换器模型进行验证测试，测试界面如图 8.4（a）所示。利用仿真软件对器件进行行为级建模，最后实现模型封装，便于进一步应用。图 8.4（b）为八位串并行模数转换器模型测试结果。随着总剂量的增加，内部比较器的失调电压逐渐增加；内部比较器的失调电压变换受辐照时偏置的影响；随着总剂量的增加，器件输出出现失码，且随着总剂量的增加失码愈加明显。

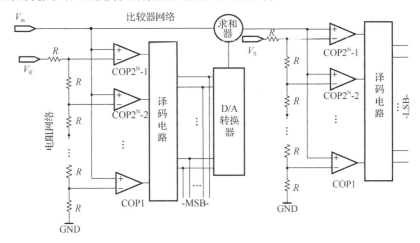

图 8.3　八位串并行模数转换器内部架构图

为了验证仿真模型的准确性，为已建立的模数转换器模型提供四种不同的辐射偏置条件，分别是输入幅值为 5V 的正弦波信号、输入为 0.01V 的恒定低电压、输入为 4.95V 的恒定高电压和所有管脚短接接地的零偏偏置条件，并进行性能测试。辐照剂量率为 10rad(Si)/s，总剂量测试过程中采用斜波进行功能测试，结果如图 8.5 所示。可以看出，工作偏置条件下输入为 0.01V 时，器件的损伤最为严重，而器件所有管脚短接时辐射损伤很小，与试验结果（图 8.2）相吻合。

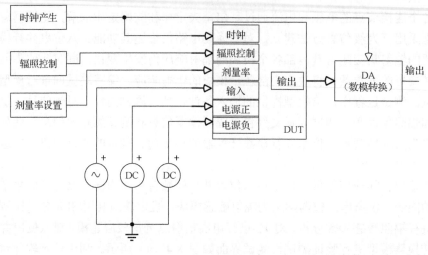

（a）测试界面

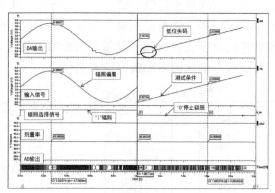

（b）测试结果

图8.4　八位串并行模数转换器模型测试界面和测试结果

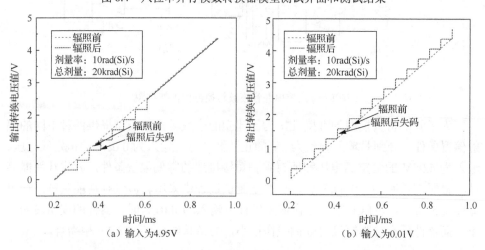

（a）输入为4.95V　　　　　　　　　（b）输入为0.01V

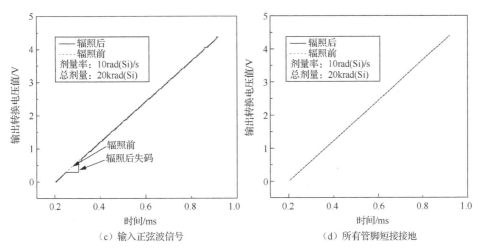

（c）输入正弦波信号　　　　　　　（d）所有管脚短接接地

图 8.5　仿真获得的不同偏置条件下模数转换器斜波测试结果

以串并行模数转换器为研究载体，从其内部结构出发，逐层次、分模块建立基于 VHDL-AMS 语言的行为级仿真模型，通过 SPICE 仿真获得了内部比较器在不同偏置条件下的辐射响应，并建立其行为级仿真模型；行为级仿真模型能更好地模拟模数转换器在不同偏置条件下的辐射响应规律，且与试验结果能很好吻合。通过行为级仿真模拟，可以很好地实现模数转换器辐射敏感位置和损伤机理分析，且能作为辐射效应预估的有力手段。

8.2　电子系统辐射试验与仿真

电子系统通常是指由若干相互连接、相互作用的基本电路组成的具有特定功能的电路整体。本节介绍信号采集及处理电子系统（框图如图 8.6 所示）的电离总剂量试验及仿真，试验用电子系统载体包含了模数转换功能模块、数模转换功能模块和数字模块，系统功能模块实物如图 8.7 所示。

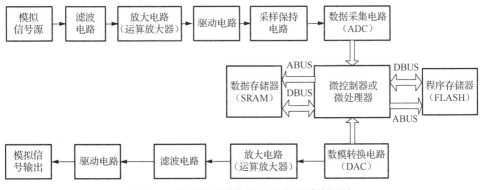

图 8.6　典型信号采集及处理电子系统框图

(a) 模数转换功能模块   (b) 数模转换功能模块   (c) 数字模块

图 8.7   系统功能模块实物图

通过分析功能模块在工作状态辐照偏置下的总剂量效应、功能模块之间的传递、耦合及对全系统功能的影响,确定三个功能模块和全系统总剂量失效阈值之间的关系。

在模数转换功能模块中,运算放大器选用 μA741,模数转换器选取 AD 公司的 AD574AJN。输入条件选用频率为 200Hz,峰-峰值为 400mV 的正弦波。经过 50 倍的放大后输入 ADC 器件中。单独辐照该模块(对其他两模块进行辐射屏蔽),并由上位机采集结果(图 8.8)。

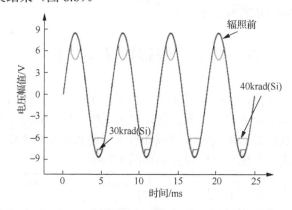

图 8.8   单独辐照模数转换功能模块试验结果

图 8.9 为示波器采集到的单独辐照模数转换功能模块对全系统功能的影响结果,系统输出结果能够正确反映该模块的辐照损伤情况,该模块在累积辐照 40krad(Si)总剂量时功能已完全失效。

在数模转换功能模块中,运算放大器选用 μA741,数模转换器选取 DAC7621E。图 8.10 为单独辐照数模转换功能模块对全系统功能的影响,该模块的失效总剂量大于 80krad(Si)。

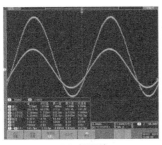 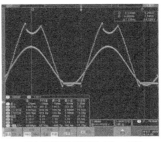

（a）辐照前　　　　　　　　　（b）辐照总剂量为40krad(Si)

图 8.9　单独辐照模数转换功能模块对全系统功能的影响

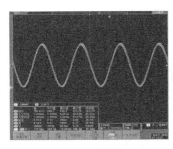 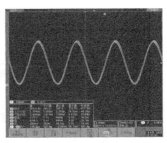

（a）辐照前　　　　　　　　　（b）辐照总剂量为80krad(Si)

图 8.10　单独辐照数模转换功能模块对全系统功能的影响

　　数字模块主要电路包含 FPGA、SRAM、串口芯片、配置芯片和电源模块。单独辐照数字模块对全系统功能的影响如图 8.11 所示，但在 100krad(Si)总剂量辐照下，全系统输出功能仍然正常。该模块的失效总剂量大于 100krad(Si)。

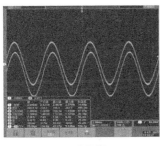 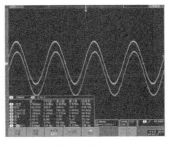

（a）辐照前　　　　　　　　　（b）辐照总剂量为100krad(Si)

图 8.11　单独辐照数字模块对全系统功能的影响

　　图 8.12 为全系统总剂量辐照试验结果，全系统辐照试验监测到模数转换功能模块发生失效现象，全系统功能退化表现与模数转换功能模块失效现象一致。

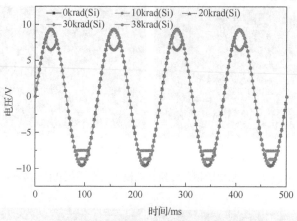

（a）监测到模数转换功能模块的变化

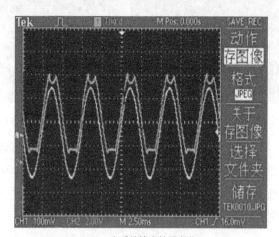

（b）全系统输出结果变化

图 8.12　全系统总剂量辐照试验结果

　　表 8.1 为全系统和功能模块的失效总剂量。三个功能模块与全系统的总剂量失效阈值比较，各模块之间并未表现出明显的耦合现象，研究发现模数功能模块失效主要是该模块中的运算放大器（μA741）失效引起的，即最弱功能模块抗辐射能力取决于最弱器件，该系统表现为"短板效应"。

表 8.1　全系统和功能模块的失效总剂量

类型	全系统	功能模块类型		
		信号采集模块	数字处理模块	信号输出模块
失效总剂量	<40krad(Si)	<40krad(Si)	>100krad(Si)	>80krad(Si)

8.2.1 电子系统辐射敏感参数确定

辐射试验表明，电子系统性能取决于模数转换功能模块的抗辐射能力，而模数转换功能模块的抗辐射能力取决于μA741 运算放大器，原理图如图 8.13 所示[13]。它由输入级、中间级、输出级和偏置电路四部分组成。其输入级由 $Q_1 \sim Q_7$ 管组成，以精密匹配电流镜作负载的 CC-CB 互补复合管差分输入级，具有增益高、输入电阻大，同时能完成电平位移和单端化功能的特点。由于采用了电流镜闭合负反馈回路，使输入级工作电流稳定、工艺离散性的影响减小、共模抑制比较高。中间级是以 Q_{16} 和 Q_{17} 组成的复合管为放大管，以电流源为集电极负载的共射极放大电路，具有输入阻抗高、对前级的负载效应小、增益高等特点。输出级是带 PNP 管的射极跟随器的互补推挽输出级。R_7、R_8 和 Q_{12} 组成的倍乘电路为 Q_{19} 和 Q_{20} 组成的互补跟随器提供适当的偏压，以减小电路的交越失真。

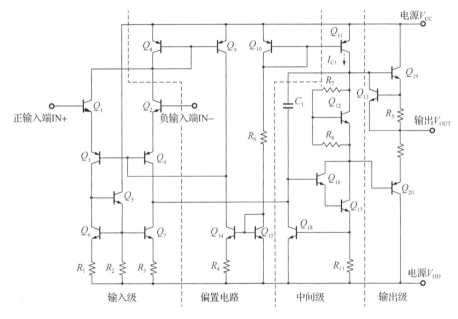

图 8.13 μA741 运算放大器原理图

在辐射环境下，运算放大器参数的退化会引起全系统输出功能的变化（"削顶"现象），如图 8.14 所示。按照图 8.13 的原理图构建了运算放大器μA741 电路，利用 HSPICE 软件研究运算放大器输出极驱动电流对功能的影响。从图 8.14 的仿真结果看出，在电离辐射环境中，运算放大器输出驱动电流的减小会引起运算放大器输出电压峰值出现"削顶"现象，与试验结果一致，表明运算放大器输出驱动电流是系统的辐射敏感参数。

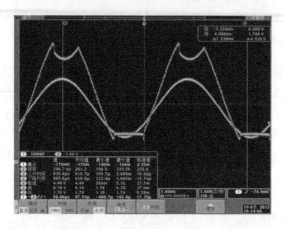

图 8.14　运算放大器参数退化引起系统输出功能的变化

按照图 8.13 所示运算放大器原理分析，当 V_{OUT} 为正输出时，通过 Q_{17} 的电流减少，而由镜像电流源 Q_{11} 向 Q_{19} 提供基极电流。因为可用于驱动 Q_{19} 的电流 I_{C1} 约为 0.25mA，所以输出电流受到限制。驱动电流也是 Q_{19} 的发射极电流，当 V_{OUT} 越来越大时，镜像电流源会有越来越多的电流流入 Q_{19} 的基极。通过 Q_{19} 所能提供的最大电流受镜像电流源电流和输出级晶体管增益 β_{14} 的共同影响。I_{OUT} 可表示为

$$I_{OUT} = \beta_{14} \times I_{C1} \tag{8.1}$$

Q_{10}、Q_{11} 晶体管增益（$\beta_{10}=\beta_{11}$）相同，其组成的镜像电流源电流 I_{C1} 可表示为

$$I_{C1} = \frac{1}{1+\dfrac{2}{\beta_{11}}} \times I_R \tag{8.2}$$

式中，I_R 为偏置级电路的偏置电流，与辐射无关。将式（8.2）代入式（8.1）可得

$$I_{OUT} = \beta_{14} \times \frac{1}{1+\dfrac{2}{\beta_{11}}} \times I_R \tag{8.3}$$

研究表明，在电离辐射环境中，双极晶体管增益随着辐射总剂量的增加而减小[14]，因此从式（8.3）中可以看出，增益 β 的降低引起 I_{OUT} 降低，从而导致正向输出电压峰值被削掉。对于输出 V_{OUT} 为负时驱动能力降低的分析与输出高电平时略微不同，当输出为负时，复合管 Q_{16} 和 Q_{17} 从 Q_{20} 基极吸取电流，基本上不受限制。但若复合管饱和，便达到了负电压的最大值，因而不再能驱动 Q_{17} 的基极变得更负。因此，V_{OUT} 输出为负时，电流驱动能力主要由晶体管 Q_{16}、Q_{17} 和 Q_{20} 所决定。辐照使晶体管增益下降，从而降低了晶体管驱动能力，因此使得陷入电流降低，导致负向输出电压峰值被削掉。

8.2.2 电子系统辐射效应行为建模及仿真

VHDL-AMS 语言是 IEEE 将 VHDL 标准扩展到描述模拟和混合信号的一种标准语言。它基于 VHDL，重点在模拟和混合信号描述上，最终实现模拟电路和数模混合电路的语言描述、仿真和综合。

1. 运算放大器电离辐射总剂量效应行为建模及仿真

理想运算放大器具有无限大的输入阻抗和带宽、零输出阻抗和能提供无限大放大倍数的差分输入、单端（或双端）输出的放大器。在实际应用中，运算放大器大多工作在负反馈状态。因为在开环时，它的增益非常大，一个很微小的输入信号都会使运算放大器的输出达到饱和。运算放大器性能的主要性能参数有输入偏置电流、失调电压、电源电压抑制比、共模抑制比、增益带宽、转换速度等，在建模时要尽量使这些特性都有所体现。运算放大器的 VHDL-AMS 语言模型与现实器件结构类似，其主要分 3 级，一般由输入级、中间级、输出级组成。

基于 VHDL-AMS 语言建立 5 端口运算放大器行为级仿真模型，并在 Test Bench 中搭建反向放大电路对所建立的运算放大器行为级模型进行测试，测试结果如图 8.15 所示。测试过程中供电电压设置为 ±5V，输入信号为 1kHz、1V 的正弦波，设置放大倍数分别为 3 倍和 5 倍，并对电路输出进行监测。从图中可以看出，当放大倍数为 3 倍时，运算放大器输出为 3V、1kHz 的正弦波，当放大倍数继续增加到 5 倍时，输出正弦波出现"削顶"现象。实际电路中，当运算放大器的输出电压大于器件输出电压最大值时就会出现"削顶"现象，可见建立的模型基本符合实际器件性能要求。

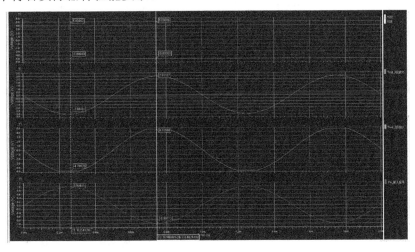

图 8.15 反向放大电路对运算放大器行为级模型测试结果

典型双极运算放大器 LM158 在总剂量辐照后，其主要表现为偏置电流的增大，如图 8.16 所示。因此，在对运算放大器电离辐射总剂量效应行为级仿真建模时，需着重关注偏置电流退化模型的建立，该性能参数指运算放大器工作在线性区时流入输入端的平均电流。利用简单的线性拟合可获得偏置电流随总剂量的变化规律为 $\Delta I_{\mathrm{B}} = 41.95 - 15.6 \cdot \mathrm{TID}$，建模时在运算放大器的 VHDL-AMS 语言行为级仿真模型中按该规律对影响偏置电流的主要因素输入电阻值进行调整，从而获得器件偏置电流随总剂量的变化规律。

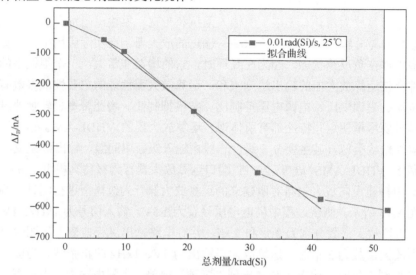

图 8.16　运算放大器偏置电流随总剂量的变化关系

同样，也可以获得辐射敏感参数失调电压和总剂量的函数关系，通过在模型中增加该函数关系即可获得器件在不同总剂量下失调电压的效应规律。

2. ADC 转换器件辐射效应行为建模及仿真

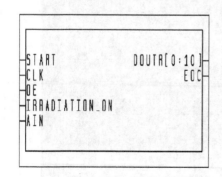

图 8.17　构建的逐次逼近型 ADC 器件

根据逐次逼近型 ADC 工作原理[15]，利用 VHDL-AMS 语言，生成相应的 ADC 器件（图 8.17）。设定 ADC 器件的分辨率为 10 位，假设输入信号频率为 20Hz，大小为 20V，设置采样频率为 1.44kHz，仿真结果如图 8.18 所示。图中从上至下依次显示的是输入信号、ADC 模型输出信号（对应 OUT）和 DAC 转换结果。从图中随机抽取两组数据进行偏差分析，如表 8.2 所示，输入值是模拟输入信号，输出码值是数字输出，对应量是数字输出对应到模拟值，偏差比是对应量与输入值的差值比。由表可看出，偏差比不超过 2%，很好地保证了模型的转换精度。在 ADC 器件常态模型的基础上，添加了电离辐射总剂量效应行为模块，仿真结果如图 8.19 所示。

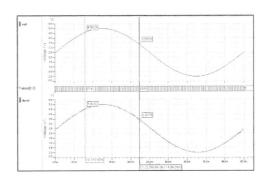

图 8.18 10 位 ADC 器件分辨率的仿真结果

表 8.2 偏差分析

参数	C_1	C_2
输入值/V	4.59234	3.33521
输出码值	934	693
对应量/V	4.56055	3.38379
偏差比/%	0.7	1.44

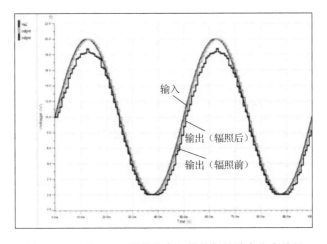

图 8.19 10 位 ADC 器件电离辐射总剂量效应仿真结果

3. 电子系统电离辐射总剂量效应数值模拟

在运算放大器、ADC、DAC 等器件辐射损伤行为模型的基础上，构建的模数转换功能模块连接电路原理如图 8.20 所示。图 8.21 为模数转换功能模块电离辐射总剂量效应仿真结果，图 8.22 为模数转换功能模块总剂量辐照试验结果，二者退化趋势一致。

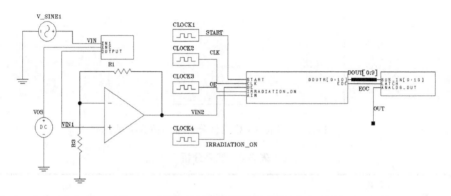

图 8.20　模数转换功能模块连接电路原理图

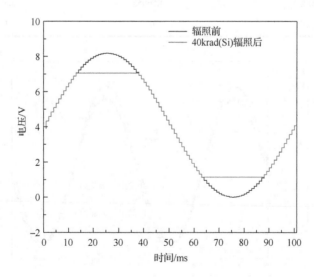

图 8.21　模数转换功能模块电离辐射总剂量效应仿真结果

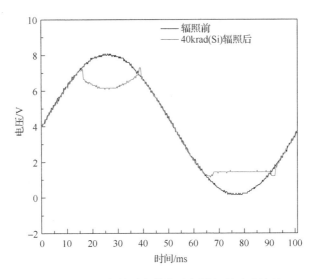

图 8.22　模数转换功能模块总剂量辐照试验结果

8.3　电子系统电离辐射总剂量效应试验方法

经过多年的研究，在星用电子器件的抗总剂量性能考核试验方法方面，国内外已经建立了较为成熟的地面模拟试验方法，如 GJB 548B—2005、GJB 5422—2005 和 MIL-STD-883H 1019.6 等。但是关于星用电子系统的抗总剂量性能试验方法仍处于探索阶段[16]，还未形成成熟的系统级电离辐射总剂量效应试验评估方法。

8.3.1　电子系统试验的必要性

电子系统抗总剂量性能试验方法研究首先需要回答的问题是系统试验的必要性，我国对这一问题的看法有很多的不同意见。许多研究者认为电子系统的抗总剂量性能等于或优于抗总剂量性能最差的器件，因此具有了器件的抗总剂量性能数据，就能得到电子系统的最小抗总剂量性能值，从保证抗总剂量性能评价的保守性出发，不需要开展系统级总剂量效应辐照试验。但由于以下三个原因，这一认识并不正确。

（1）器件级试验存在高估器件抗总剂量性能的风险。器件在器件级试验中和电子系统中的工作状态和条件有可能完全不同，若不能保证器件级的试验结果是对器件抗总剂量性能的最劣估计，当在系统中的辐射损伤更为严重时，依据器件级试验结果就有可能高估系统的抗总剂量性能。目前，国内的器件级总剂量试验，还存在对最劣辐射偏置缺乏统一的定义与认识、辐照后测试参数不全面、没有认识到存在最劣测试偏置等一系列问题，这些问题均有可能导致高估器件抗总剂量性能。

（2）器件电参数在系统中的容限设计不合理导致系统有可能早于器件的失效阈值而失效。裕量与不确定性的量化（quantification of margin and uncertainty，QMU）方法中，器件某个电参数的可靠度不仅取决于电参数的工作点和不确定度，还与该参数的容限有关。器件在系统中时，其电参数的容限取决于设计者，而非器件手册。若设计者使某个电参数的裕量低于器件级试验，就很有可能导致系统辐照过程中早于设计预期而失效。

（3）器件间辐射效应的耦合有可能导致系统在未到达器件的失效阈值前失效。在器件级试验时，器件电参数或功能测试时的输入由测试者给定，辐照前后完全相同，其自身的不确定度是可以忽略的。但在系统中时，辐射效应会导致前级器件输出的变化，当前级的变化与本级的变化相互叠加时，就有可能导致本级输出失效。系统中器件间辐射效应的耦合可以分为工作点的耦合、不确定度的耦合和电参数容限的耦合三种。器件间的辐射效应耦合主要发生在模拟电子系统中。

另外，系统作为交付的最终产品，通过试验所获取的抗总剂量性能更为直接、准确，更有说服力。因此基于以上原因，仍然需要开展一定的系统级电离辐射总剂量效应试验，以确保系统的抗总剂量性能数据可信、可靠。

目前，电子系统中的辐射效应敏感物仍是电子器件，PCB板、接插件等均具有较高的抗总剂量能力，在较低总剂量下的退化可不考虑，故电子系统形成电离辐射总剂量效应的机理与电子器件完全相同。此外，系统的输入、输出仍是电信号，与单个电子器件无本质差异，可将系统看成一个由多种工艺组成、功能更为复杂、体积更大的半导体电路。因此，系统的电离辐射总剂量效应机理与器件是完全相同的，电离辐射总剂量效应同样是在器件中产生辐射感生的氧化物陷阱电荷与界面陷阱，这些产物对剂率和温度的响应规律与已有的器件级电离辐射总剂量效应模拟试验方法完全相同。器件级电离辐射总剂量效应试验方法的原理依然适用于系统级试验，但需要在原有器件级方法上进行改进，主要体现在以下几个方面：①受成本限制，试验样本量有限，难以开展多个电子系统的试验，试验的不确定度不能保证；②电子系统中包含了双极、CMOS等多个工艺，系统级试验方法需要兼容双极及CMOS工艺的差异；③器件间抗总剂量性能差异大，部分器件不能达到电子系统抗总剂量性能的总体要求，需要采用屏蔽加固；④电子系统中器件、接插件可耐受的温度不同，电子系统的热设计不同，导致有些器件或系统不能进行100℃高温退火等。

8.3.2　电子系统试验样品准备

星用抗辐射加固电子系统成本高昂，不可能进行大量总剂量试验，只能进行少量的考核试验或部分子系统或模块的试验，以验证加固方法的效果及电子系统的抗总剂量性能。在这种情况下，为了保证电子系统的抗总剂量性能考核结果准确、可靠，必须结合构成电子系统的电子器件和子系统或模块的抗总剂量性能试验数据、电子系统各部分实际承受的总剂量、屏蔽加固的理论计算和可靠度分析等结果，综合给出电子系统抗总剂量性能。

因此，在开展系统级总剂量试验前，应完成以下工作：①电子系统中各器件在轨实际承受总剂量计算；②电子系统功能模块划分及试验对象确定；③电子器件抗总剂量性能数据获取；④子系统或模块的电离辐射总剂量效应试验数据获取。

1. 器件在轨承受总剂量计算

根据电子系统在轨空间环境和在航天器中的位置及电子系统结构，计算给出电子系统中各器件实际承受的总剂量 D_{fact}（没有考虑局部屏蔽措施），可通过一些星内辐射环境模拟计算软件计算，也可通过在轨期间空间辐射剂量-屏蔽厚度关系（剂量深度曲线）获取。空间带电离子穿过 PCB 板、电子器件等，都会产生能量衰减，但衰减率不同。一般统一用等效铝厚度衡量材料产生的屏蔽效果。等效铝厚度 T_{eq} 的计算方法如下：

$$T_{eq} = T_m \cdot \frac{\rho_m}{\rho_{Al}} \tag{8.4}$$

式中，T_m 为替代材料厚度；ρ_m 为替代材料密度；ρ_{Al} 为铝的密度。

由于目前多数星用电子器件的厚度远小于其面积，为适当简化，对各个印制板上的元器件只考虑正、反两面的辐射剂量，忽略其他方向对印制板上元器件的辐射剂量，并且认为元器件级的辐射剂量数据等同于单印制板的辐射剂量数据，这样处理与实际情况会有差异，但对空间辐射分析是相对安全的。由于器件正、反两面经过等效铝厚度有可能不同，因此需要分别计算器件正、反两面所承受的实际总剂量：

$$D_{fact,front} = D_{curve}(T_{eq,front})\ D_{fact,back} = D_{curve}(T_{eq,back}) \tag{8.5}$$

式中，$T_{eq,front}$、$T_{eq,back}$ 分别为射线从航天器表面到达器件正、反面所需经过的等效铝屏蔽厚度；$D_{curve}(x)$ 为依据航天器轨道年剂量深度曲线所得的深度为 x 处承受的总剂量。因此，器件在卫星中实际承受的总剂量为

$$D_{fact} = D_{fact,front} + D_{fact,back} \tag{8.6}$$

设器件自身的辐射失效总剂量为 D_{part}，系统要求的抗总剂量裕度因子为 R_{M}。当 $D_{\text{fact}} \cdot R_{\text{M}} \leqslant D_{\text{part}}$ 时，器件无需屏蔽加固，反之则需进行局部屏蔽。如果 $D_{\text{fact,front}} \geqslant D_{\text{fact,back}}$，应首先在器件的正面进行局部屏蔽，反之则应先在器件的背面进行屏蔽。屏蔽后，器件承受的总剂量应小于 $D_{\text{part}}/R_{\text{M}}$，且总的屏蔽厚度应尽可能小。

2. 电子系统功能模块划分及试验对象确定

当电子系统组成复杂，子系统或模块多，辐射源的辐射面积及剂量率不能满足要求时，将难以直接进行整个电子系统的电离辐射总剂量效应试验。在这种情况下，需要按照功能将电子系统划分为子系统或模块，随后进行各模块的电离辐射总剂量效应试验。子系统或模块的划分应遵循三个原则：①各模块在功能上是相对独立的，模块的输入信号受上级模块的电离辐射总剂量效应的影响不会造成该模块输出功能及电参数的明显变化；②模块在实际电子系统中是可以物理拆分的；③在不考虑需局部屏蔽加固的器件时，其他器件承受的总剂量基本相同。

将子系统或模块系统划分为相互独立的子系统或模块后，并不是所有的模块都需要进行总剂量试验，若模块的可靠度远大于 1，则该模块可不用开展总剂量试验。子系统或模块的可靠度有两种计算方法。

方法 1：利用器件所承受的总剂量和失效阈值求取可靠度，即

$$Q_{\text{part},i} = \frac{D_{\text{part},i} - D'_{\text{fact},i} \cdot R_{\text{M}}}{U_{\text{fact},i} \cdot R_{\text{M}}}$$

式中，$D'_{\text{fact},i}$ 为采用了屏蔽加固等措施后，器件实际承受的总剂量；$Q_{\text{part},i}$ 为该模块中第 i 个器件的可靠度，则该模块的可靠度为所有器件可靠度的最小值。这种计算方法十分简单，但忽略了器件在电子系统中耦合、器件电参数容限与电子系统容限等的差别。在器件间耦合效应强，器件电参数在电子系统中的容限不易确定的模块中，这种计算方法存在高估模块可靠度的风险。

方法 2：利用器件的电参数求取可靠度，即

$$Q_{\text{part},i,j} = \frac{\left| P_j - P_{j,\text{M}} \right|}{U_j}, \quad Q_{\text{part}} = \min\left(Q_{\text{part},i,1}, Q_{\text{part},i,2}, \cdots, Q_{\text{part},i,N} \right)$$

式中，$Q_{\text{part},i,j}$ 为模块中第 i 个器件的第 j 个电参数的可靠度；P_j 和 $P_{j,\text{M}}$ 分别为第 j 个电参数辐照总剂量为 D_{fact} 后的均值和容限（最大值或最小值）。该器件的可靠度则为所有电参数可靠度的最小值，整个模块的可靠度可近似认为所有模块中器件可靠度的最小值。这种方法能准确获取各器件的可靠度，但需要辐照总剂量为 D_{fact} 时的电参数值、电参数容限和不确定度，在多数情况下并不能完全获取这些数据。

因此，建议在子系统或模块的可靠度分析中，可将以上两种方法相结合，在采用方法 1 的基础上，对影响子系统或模块的核心敏感参数采用方法 2 分析。若分析结果均显示电子系统或模块的 $Q \gg 1$，则该模块可不进行电离辐射总剂量效应试验，反之则应开展电离辐射总剂量效应试验。

　　3. 器件总剂量试验数据要求

器件的电离辐射总剂量效应数据可用于电子系统的抗总剂量加固设计、电子系统的抗总剂量性能评估，是系统级试验的必备输入数据。为了满足电子系统的抗总剂量性能准确评估，器件总剂量试验数据应满足以下要求。

（1）对于 $D_{part} < D_{fact} \cdot R_M$ 的电子器件，应提供准确的电离辐射总剂量效应失效阈值，以及其他器件提供其抗总剂量性能强于电子系统抗总剂量要求的证明材料。

（2）对于双极及 BiCMOS 工艺的元器件，必须提供与低剂量率辐射损伤增强因子相关的数据。目前已经发现大多数双极及 BiCMOS 工艺的器件存在 ELDRS 效应，若在其抗总剂量性能的考核试验中，没有考虑这一因素，有可能严重高估系统的抗总剂量性能。获取器件低剂量率下辐射损伤的方法有三种：①开展极低剂量率（0.01rad(Si)/s）电离辐射总剂量效应试验。②开展高剂量率（1～5rad(Si)/s）高温辐照（100℃）试验，在参数裕度因子为 3 时，给出器件的抗辐射性能。该方法参考了国内外近几年对双极器件加速试验方法的研究成果和美国 ASTM F1892 标准。③利用变剂量率辐照试验方法。

在获取电子系统中双极及 BiCMOS 工艺的元器件低剂量率辐射损伤增强因子的基础上，为避免设计不合理导致系统功能失效，还需要根据在电子系统中的应用，评估该器件在极低剂量率下，其电参数的可靠度是否依然能够达到电子系统设计要求。当系统复杂，双极及 BiCMOS 器件在系统中的电参数容限不易获取或器件间耦合作用明显时，将建立包含双极及 BiCMOS 器件的模块直接进行极低剂量率电离辐射总剂量效应试验。

（3）对辐射感生界面陷阱敏感的元器件，应提供 50% 过剂量辐照和高温退火（100℃，168h）试验数据。目前有些 MOS 器件的抗总剂量性能试验只进行高剂量率试验，没有按照军标进行附加 50% 过剂量辐照及随后高温退火试验，相当于只考核了氧化物陷阱对器件辐射损伤的影响，忽略了界面陷阱的作用；而在空间辐射环境中，主要为界面陷阱的作用，因此有可能高估器件的抗总剂量性能。目前研究发现工艺尺寸小于 0.25μm 的电子器件，在辐照后高温退火过程中均表现为电参数回漂，可不进行高温退火试验。但对于工艺尺寸较大（>0.25μm）的器件，发现在高温退火后有可能出现界面陷阱生长导致的电参数退化乃至功能失效现象，因此要求对于工艺尺寸较大（>0.25μm）或辐射感生界面陷阱对器件性能产生明显影响的器件，必须进行附加过 50%剂量辐照后高温退火（100℃，168h）的试验。

（4）器件电离辐射总剂量效应的失效阈值是在最劣辐照偏置及最劣测试偏置下，或与系统工况基本相同的条件下给出的。

4. 子系统或模块总剂量试验数据要求

为了减小系统级总剂量试验结果的不确定度，子系统或模块的电离辐射总剂量效应试验应在监测子系统或模块功能是否正常的同时，详细测量子系统或模块输出接口信号的详细电参数，如输出信号电压、驱动电流、信号时域及频域噪声、延迟时间等。在条件允许的情况下，输入信号还应考虑上级模块电离辐射总剂量效应导致的变化，以及模拟模块间辐射效应的耦合。因为当系统中各模块均达到所要求的抗总剂量性能时，系统连接后若达不到抗总剂量指标，则必然是模块间的通信或连接线导致的相互耦合。若进行模块总剂量试验时，所有设备通信接口信号无明显的变化，则基本可以断定系统的抗总剂量性能指标与最弱模块是相同的。这样就可以作为系统总剂量试验结果的佐证，以减小系统总剂量试验的不确定度。子系统或模块总剂量试验的其他要求，如辐照偏置、测试方法、试验流程等与系统级总剂量试验相同。

5. 系统辐照偏置及测试偏置

在器件级电离辐射总剂量效应模拟试验方法 GJB 5422—2005 中规定，辐照偏置应为最劣辐照偏置，选择的负载应使器件结温上升少，以防辐射效应退火现象发生。

该规定在系统级试验方法中仍然适用，结合实际情况，规定系统级辐照偏置的选择应遵循以下原则：①具有热备份或冷备份的模块，且该模块中包含大量的双极集成电路时，备份模块应同时辐照；②对于有不同工作模式的电子系统，应工作在空间应用最多的工作模式下，或占电子系统资源最多的工作模式下；③其他电路或单机工作在静态加电模式或规定的工作模式下。

在辐照后的功能及参数测试中，应尽可能将辐照损伤对电参数的影响体现出来，因此应在最劣辐照偏置下进行测试，这一点虽未在军标中规定，但在大多数的效应考核试验中，已受到许多专家的关注。因此，建议系统级电离辐射总剂量效应试验的测试条件选择应遵循以下原则：尽可能进行全功能测试，或在占用电子系统中资源最多、工作频率最高、功耗最大的最恶劣情况下测试。

8.3.3　系统总剂量试验环境

1. 辐射剂量率的确定

电子系统总剂量试验的剂量率确定受辐射场均匀面积、系统体积、系统中电子器件种类、试验流程等多种因素的限制，难以按照 GJB 584B—2005 中规定的在 50～300rad(Si)/s 开展，主要原因如下。

（1）器件级高剂量率试验旨在考核辐射感生氧化物陷阱电荷对器件性能的影响，而空间辐射环境为低剂量率辐射环境，主要的辐射感生产物为界面陷阱，因此在高剂量率辐照后还存在过剂量辐照 50%和高温退火等流程，旨在促进界面陷阱的生长，以考核界面陷阱对器件性能的影响。但在电子系统总剂量试验中，电子系统中各电子器件所需承受的总剂量不同，很难执行 50%过剂量辐照试验流程，因此可参照欧洲航天局 ESCC 22900 标准，降低剂量率到 1～10rad(Si)/s，该标准在该剂量率范围内不需要进行过剂量辐照试验，可以有效降低电子系统总剂量试验的难度。

（2）电子系统相比于器件需要更大的辐射场均匀面积，要想在 50～300rad(Si)/s 使辐射源具有较大辐射面积，对源的活度、均匀性等都有很高的要求，国内现有放射源难以满足要求。

（3）复杂电子系统通常为立体结构，试验时所有器件难以放置于同一辐照平面内，在与射线平行方向上剂量率会有较大差异。

基于以上考虑，建议电子系统的辐射剂量率为 1～5rad(Si)/s，要求在射线垂直方向上，剂量率的不均匀性<10%；在射线水平方向上，电子系统内剂量率的不均匀性<20%。当与射线平行方向上剂量率的不均匀性大于 5%时，应在辐照到 1/2 总剂量时，将样品前后调换，以保证试验样品内所承受的总剂量大致相等。

2. 辐射总剂量的确定

电子系统总剂量试验不同于器件级试验。在电子系统中，电子器件的抗总剂量性能各不相同，在空间承受的总剂量也有差异。目前在地面试验中电离辐射总剂量效应模拟源主要为 ^{60}Co γ 射线源，它相比于空间辐射环境中的电子与质子，具有更强的穿透性，因此难以有效评估屏蔽层在空间对电子、质子的屏蔽效果。因此，只能通过理论计算手段评价屏蔽加固的效果，辐照试验只评价其未屏蔽加固时的抗总剂量性能。

若器件在系统级试验中应承受的总剂量为 D_{rad}，则它应满足 $D'_{fact} \cdot R_M < D_{rad} \leqslant D_m$，其中 D'_{fact} 为采用了局部屏蔽后，器件在空间实际承受的总剂量。$D_m = min(D_{part}, D_{sys} \cdot R_M)$，$D_{sys}$ 为电子系统在空间中机壳内所需承受的总剂量。当电子系统机箱内

有多个电路板时，各电路板上实际承受的总剂量均有差异，在实际试验中，不可能按照每个器件实际承受的总剂量开展系统级试验。因此，为了保证电子系统评估结果的保守性，建议在系统级试验中尽可能使每个器件承受的总剂量 $D_{rad}=D_m$，使器件所承受的总剂量接近或等于 D_{fact}，以保证系统试验结果的保守性。

当前国内许多设备或系统级总剂量试验中，主要采用起始点对齐法，如图 8.23（a）所示。当某个设备中多个器件不能达到设备抗总剂量要求时，其设备的抗总剂量性能试验辐照总剂量为抗辐射性能最差的器件，这种方法只评价了最弱器件对系统或设备的影响。在空间中，在辐照总剂量达到其设计的总剂量时，屏蔽加固器件均达到即将失效的程度，此时器件的耦合有可能导致系统或设备提前失效，难以达到设计所需的总剂量水平。因此，起始点对齐法有可能高估设备或系统的抗总剂量水平。因此，系统级电离辐射总剂量效应试验应采用终点对齐法开展电离辐射总剂量效应试验，如图 8.23（b）所示。终点对齐法是指在辐照试验前，获取各电子系统不进行壳体屏蔽加固时的抗总剂量水平，在辐照开始时，先将抗总剂量性能最高的器件连接到电子系统，并进行辐照。待剩余总剂量达到另外某一器件的抗总剂量水平时，再将此器件连入电子系统进行辐照，以此类推。其总的原则是尽可能使电子系统中的所有电子器件在辐照过程中承受的总剂量达到电子系统的抗总剂量性能指标或器件的失效总剂量。这种方法的优点在于：①按照电子系统或设备规定的总剂量辐照，更易于验证电子系统或设备的抗总剂量性能；②在辐照总剂量达到设备抗总剂量指标时，失效阈值小于设备抗总剂量指标的器件处于即将失效的边缘状态，此时有可能由于器件间效应的耦合，设备提早失效，因此这种方法用于考核设备的抗总剂量性能更为保守与可靠；③更符合在空间的实际使用状态。

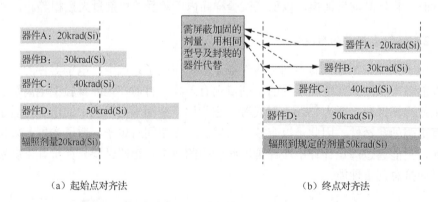

　　　　（a）起始点对齐法　　　　　　　　　　　　（b）终点对齐法

图 8.23　屏蔽加固时两种电子系统或设备电离辐射总剂量效应试验方法比较

8.3.4　系统电离辐射总剂量效应试验流程

1. 关于附加 50%总剂量的辐照

GJB 548B—2005 和 GJB 5422—2005 中，为了更加可靠或保守地评估器件的抗总剂量性能，要求在器件辐照到指标要求的总剂量后，再附加 50%的总剂量辐照，随后进行高温退火。但在系统级电离辐射总剂量效应试验中，为降低试验的复杂性，不进行附加 50%的总剂量辐照试验，其原因如下。

（1）GJB 548B—2005 和 GJB 5422—2005 中进行附加 50%总剂量辐照试验的主要原因：①促进界面陷阱的生长；②避免非最劣辐照偏置辐照。电子器件在不同的设备中可能工作于不同的辐照偏置下，若试验偏置不是最劣偏置，有可能高估器件的抗辐射性能，导致所在的设备或电子系统的电参数漂移乃至功能失效。因此，通过附加 50%的总剂量以提高其保守性。

（2）在系统级试验中，目前选定的剂量率为 1～5rad(Si)/s，该剂量率远低于GJB 5422—2005 中的剂量率范围，辐照时间越长，越有利于促进界面陷阱的生长；被辐照样品所运行的程序、功能、状态与空间辐射环境中实际的电子系统基本相同，不需要考虑器件试验的最劣偏置要求。例如，欧洲航天局 ESCC 22900 标准中在该剂量率范围内试验时，就没有过剂量辐照要求。

2. 关于室温退火试验的必要性

器件级试验室温退火主要用于当器件电参数失效，而功能正常时，采用室温退火试验，主要考虑：

（1）空间为极低剂量率环境，长时间使得氧化层中较浅能级的氧化物陷阱电荷发生热激发退火，室温退火试验可以消除这些氧化物陷阱电荷对器件电参数的影响；

（2）器件电参数未必是电子系统的敏感参数，室温退火避免了抗辐射性能的"过保守"评估。

但对于电子系统，试验中所测的系统参数及功能是用户所需要的，均属于"功能"失效；另外，试验的剂量率已经低于 GJB 5422—2005 的要求，对较浅能级氧化物陷阱电荷热激发已有所考虑。基于以上的考虑，系统级电离辐射总剂量效应试验中可不考虑电参数失效后的室温退火试验。

3. 关于高温退火试验

GJB 548B—2005 和 GJB 5422—2005 要求，在过剂量试验后直接进行 100℃高温退火试验。但是由于系统中存在的接插件、商用器件、线缆及系统的热设计等因素，可能难以经受 100℃的高温，为避免这些因素影响高温退火试验结果的准确性，可适当降低退火温度。

军标中的高温退火试验主要是为了使氧化物陷阱电荷退火，界面陷阱充分生长，以评价界面陷阱对器件抗辐射性能的影响。如果有数据表明电子系统中所有模块或器件进行高温退火试验后，模块或器件的电参数不会比辐照后进一步退化，则电子系统可不开展高温退火试验。反之，则必须开展高温退火试验。

研究表明，长期退火过程中形成的界面陷阱有很大一部分来自氧化物陷阱电荷的退火，而辐射感生氧化物陷阱电荷的退火服从阿伦尼乌斯方程。现行军标中的 100℃和 168h 高温退火旨在使激发能为 0.8eV（大多数电子器件的平均激发能为 0.8eV）的氧化物陷阱电荷退火后的剩余量等效于在轨 10 年辐射感生的量[17]。因此，当在轨时间短时，可适当降低辐照温度或缩短辐照时间。其高温退火时间的计算方法如下：

$$t_{\text{tui}} = \exp\left[\frac{E_{\text{a}}}{k}\left(\frac{1}{T_{\text{tui}}} - \frac{1}{T_{\text{obit}}}\right)\right] \cdot t_{\text{obit}} \tag{8.7}$$

式中，k 为玻尔兹曼常量，$k=8.62\times10^{-5}$eV/K；E_{a} 为氧化物陷阱的激发能，取 $E_{\text{a}}=0.8$eV；t_{obit} 为在轨时间；T_{obit} 为在轨工作温度；T_{tui} 为退火温度。式中，在轨温度与退火温度、退火时间存在指数关系。当在轨时间为 2 年，退火温度为 75℃，在轨温度为 15℃时，$t_{\text{tui}}\approx67.7$h；而当 $T_{\text{obit}}=25$℃时，$t_{\text{tui}}\approx99.82$h。

随着器件工艺的优化，氧化层中固有氧化物缺陷的平均激发能有变小的趋势。以微米、亚微米及超深亚微米级器件为例，通过对器件不同温度的退火特性研究，发现超深亚微米级器件的退火特征温度要远低于微米级器件的退火特征温度（图 8.24）。这主要是因为超深亚微米级器件工艺的改进，氧化层中的缺陷能级更低，在高温退火过程中，更易于退火而转化为界面陷阱，所以实际的退火时间可以缩短。

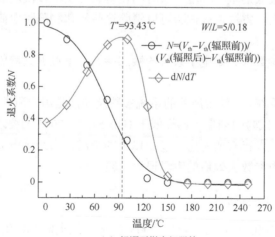

（a）超深亚微米级器件

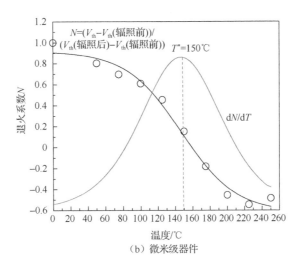

（b）微米级器件

图 8.24　NMOSFET 器件的退火特征温度

图 8.25 为 0.18μm 晶体管关态漏电流退火率与退火温度的关系[18]。从图中可以看出，75℃下，辐射导致的关态漏电流在 72h 内发生了退火。由此可见，由于超深亚微米级器件辐射感生的氧化物陷阱电荷具有更低的激发能，其退火时间小于亚微米级器件的退火时间（168h），在 75℃下，72h 即可退火，这就大大减少了超深亚微米级器件总剂量考核试验的时间。因此，经折衷考虑，将退火流程设定为当退火时间长于 2 周时，可在整个退火时间的 1/2 或 1/3 处进行一次性能指标电

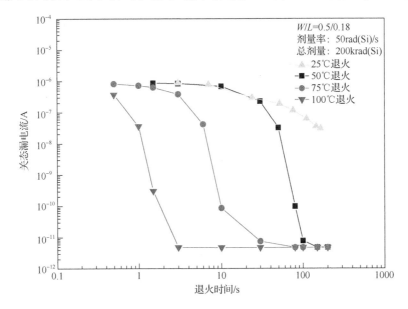

图 8.25　0.18μm 晶体器关态漏电流退火率与退火温度的关系

参数的测试，若电参数测试比辐照后变得更差，则表明界面陷阱的生长对电子系统功能有影响，应继续高温退火到试验结束；反之，则表明在退火过程中生长的界面陷阱对电子系统电参数没有明显影响，可认为被测电子系统达到要求的抗总剂量性能指标。

4. 试验流程

综合以上结果，电子系统电离辐射总剂量效应试验的流程如图 8.26 所示。

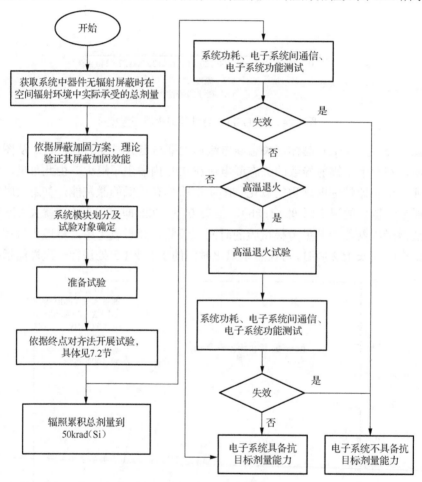

图 8.26　电子系统电离辐射总剂量效应试验的流程

由于电子系统中存在器件电参数容限不同、器件间辐射效应耦合等因素的影响，电子系统的电离辐射总剂量效应有可能低于抗总剂量性能最差的器件。单纯利用器件的抗总剂量性能数据评估电子系统的抗总剂量性能有可能高估电子系统抗总剂量性能，导致航天器在轨时长早于设计寿命而失效。因此，必须开展电子系统电离辐射总剂量效应试验。电子器件仍是电子系统中的辐射效应敏感物,电子系统电离辐射总剂量效应的机理与电子器件完全相同,因此器件级电离辐射总剂量效应试验方法在原理上是依然适用于系统级电离辐射总剂量效应试验的,但需针对系统的特点进行合理的修改。

为降低电子系统电离辐射总剂量效应试验结论的不确定度,必须结合在轨辐照总剂量计算、功能模块划分及可靠度分析、器件总剂量试验和子系统或模块的总剂量试验结果。电子系统电离辐射总剂量效应试验中并不需要所有模块及子系统均参加试验,对于辐照后可靠度远高于电子系统设计要求或与其他模块的辐射效应无明显耦合时,可不进行试验。

系统级试验中为了降低电子系统电离辐射总剂量效应试验流程的复杂度、保证立体结构时电子系统内剂量率的均匀性和辐射面积,建议试验的剂量率在 1～5rad(Si)/s。在辐照过程中,建议采用终点对齐法,以使电子系统中每个器件承受的总剂量达到系统设计要求或其失效阈值,以保证试验结果的保守性。在电子系统电离辐射总剂量效应试验流程中,可去掉器件级试验中附加 50%过剂量辐照和退火试验两个环节,高温退火试验的退火温度可适当降低,退火时间可根据实际在轨时间计算,计算方法见式(8.7)。

参 考 文 献

[1] BARNABY H J. Total ionizing dose effect in modern CMOS technologies[J]. IEEE Transactions on Nuclear Science, 2006, 53(6): 3103-3121.

[2] ESQUEDA I S. Hierarchical simulation method for total ionizing dose radiation effects on CMOS mixed-signal circuits[D]. America: The University of Arizona, 2008.

[3] 郭红霞, 张义门. MOS 器件辐照引入的界面态陷阱性质[J]. 固体电子学研究与进展, 2003, 23(2): 170-174.

[4] FLEETWOOD D M, WINOKUR P S, RIEWE L C, et al. An improved standard total dose test for CMOS space electronics[J]. IEEE Transactions on Nuclear Science, 1989, 36(6): 1963-1970.

[5] FLEETWOOD D M, MEISENHEIMER T L, SCOFIELD J H. 1/f noise and radiation effects in MOS devices[J]. IEEE Transactions Electron Devices, 1994, 41(11): 1953-1964.

[6] OLDHAM T R, MCGARRITYJ M. Comparison of ^{60}Co response and 10keV X-ray response in MOS capacitors[J]. IEEE Transactions on Nuclear Science, 1983, 30(6): 4377-4381.

[7] RASHKEEV S N, CIRBAC R, FLEETWOODD M, et al. Physical model for enhanced interface-trap formation at low dose rates[J]. IEEE Transactions on Nuclear Science, 2002, 49(6): 2650-2655.

[8] SAKSN S, BROWND B. Interface trap formation via the two-stage H^+ process[J]. IEEE Transactions on Nuclear Science, 1989, 36(6): 1848-1857.

[9] OLDHAM T R, MCLEAN F B. Total ionizing dose effects in MOS oxides and devices[J]. IEEE Transactions on Nuclear Science, 2003, 50(3): 483-499.

[10] HUGH J B, MICHAEL M, ESQUEDAI S. Total ionizing dose effects on isolation oxides in modern CMOS technologies[J]. Nuclear Instruments and Methods in Physics Research B, 2007, 261(1-2): 1142-1145.

[11] 范如玉. 抗辐射能力量化设计方法[J]. 强激光与粒子束, 2015, 27(9): 090201-1-090201-8.

[12] 范如玉, 韩峰, 郭红霞. 电源系统抗伽玛总剂量辐射能力评估方法[J]. 强激光与粒子束, 2011, 23(2): 536-540.

[13] 康华光. 电子技术基础(模拟部分)[M]. 北京: 高等教育出版社, 2003.

[14] 孙亚宾, 付军, 许军, 等. 不同剂量率下锗硅异质结双极晶体管电离损伤效应研究[J], 物理学报, 2013, 62(19): 196104-1-196104-7.

[15] 于继洲. 集成 A/D 和 D/A 转换器应用技术[M]. 北京: 国防工业出版社, 1989.

[16] LADBURY R, TRIGGS B. A Bayesian approach for total ionizing dose hardness assurance[J]. IEEE Transactions on Nuclear Science, 2011, 58(6): 3004-3010.

[17] CARRIERE T, BEAUCOUR J, GACH A. Dose rate and annealing effects on total dose response of MOS and bipolar circuits[J]. IEEE Transactions on Nuclear Science, 1995, 42(6): 1567-1574.